神之雞尾酒 300

瑞昇文化

前言

「我想學調酒，但不知道怎麼開始。」
「我想搖搖看雪克杯，可是準備工具好像很麻煩。」
「我摸過一點調酒，但最近太忙了，完全沒時間調。」
「我偶爾會調酒，但老是調那幾杯，希望挑戰看看不一樣的雞尾酒。」
「我經常調酒，但希望能做得更好喝，也想增加酒譜的儲備量。」

這是一本能滿足初學者與有一定經驗者的雞尾酒酒譜輯。本書的理念是「步驟最簡化，美味最大化」，內容經過精心設計，盡可能讓所有程度的人都能「享受調酒零挫折」。

大家好，我叫 Master 家常，是愛媛縣今治市「Cocktail Bar ANCHOR」的調酒師，也是一名 YouTuber。

2020 年 9 月，我創立了 YouTube 頻道「專業酒類補習班 Master 家常」（プロのお酒塾マスターイエツネ），當時正值新冠疫情期間。

由於那段時期大家無法隨意外出喝酒，愈來愈多人開始培養在家小酌的興趣。當時我店裡的常客也一樣，卻不知道在家裡能喝什麼，於是我給了他們幾張便條紙，上面寫了一些簡單的酒譜。我原本期待客人回家嘗試後告訴我「好喝」，沒想到得到的回應卻是「看不太懂」。

所以我錄了一段自己調酒的影片發給客人，大家都開心地表示「這樣好懂多了」。這項舉動也成了我開始經營 YouTube 頻道的契機，至今訂閱數已經超過 13 萬。我很驚訝竟然有這麼多人看我的影片。

雖然得到了不少令人開心的回應，但美中不足的是，很多人也表示「想學調酒卻不知道怎麼開始」。

我深入思考原因，認為問題在於「門檻太高」。他們覺得準備工具、準備酒，還有背酒譜似乎「很難」，但這 1000％ 是誤會。我認為世上沒有比調酒的門檻更低的事情了。

工具只要用平價生活百貨的商品就夠了，至於基本的酒類材料也可以在附近的超市找到。至於酒譜，只要掌握「基本法則」，自然就能記住 100 杯甚至 150 杯酒。

雖然本書的酒譜會寫出材料的「分量」，但這只是我個人的「參考標準」，讀者自己調酒時不必完全按照我的比例。只要改變使用的酒種或副材料的比例，就能打開雞尾酒無限的可能。調酒的樂趣，就在於可以根據自己的喜好隨心所欲改變酒譜。

一開始先按照酒譜調一杯，如果喝了覺得「想要再甜一點」，就增加甜味材料的用量；想要清爽一點，就增加清爽口味材料的用量。歡迎大家自由調整酒譜。

我相信有些人可能會覺得「太自由反而令人無所適從」。

但不用擔心，本書也收錄了「黃金

公式」,介紹了絕對不會出問題的材料組合。只要掌握黃金公式,「隨意的分量」也能調出美味無比的雞尾酒。

如果你懷疑「調酒真的可以這麼隨便嗎」?我可以明明白白地告訴你,完全可以!

但當然,如果你想成為專業的調酒師,就不能說出這種話了。可是享受居家調酒,隨意一點又何妨?

千萬別將雞尾酒捧成「多麼厲害的東西」,雞尾酒就是為了讓人享受而存在的東西。人才是「主角」,雞尾酒只是「配角」。

只要自己覺得好喝,你採用的酒譜就是對的。如果能根據家人、朋友或愛人的喜好調整酒譜,為自己重視的人調出符合他們喜好的一杯酒,那就是最好的答案。

今天不妨早點下班,跑一趟生活百貨和超市準備工具和材料。然後,就從今天開始搖起你的雪克杯吧!

Master 家常

Chapter 0

準備生活百貨的 雪克杯 & 3 種酒 就能開始調酒

▲雪克杯（搖酒器）約300ml（440日圓）

便宜的雪克杯

3 種酒類材料

烈酒、利口酒、威士忌。只要準備這 3 種基礎用酒，就能調出許許多多的雞尾酒

　　我想應該有不少人有意嘗試自己調酒，卻不知道該從何開始吧？
　　其實不必想得太複雜，抱著輕鬆的心情，先從簡單的東西開始嘗試就好了。即使是生活百貨（例如大創）買來的雪克杯也完全堪用。再來只要準備三種基礎的酒類材料（烈酒、利口酒、威士忌），再加上你喜歡的副材料，就能做出符合自己口味的雞尾酒了。
　　如果你有心深入了解雞尾酒，可能會碰上許多疑難雜症，例如不知道什麼是烈酒，什麼是利口酒，什麼是直調法、攪拌法。
　　但各位完全不必擔心，讀完本書後，你具備雞尾酒的知識和技術將令人刮目相看。沒什麼好猶豫的，做了就會了。鼓勵大家輕鬆開始嘗試調酒。

\ 其他實用的生活百貨商品！/

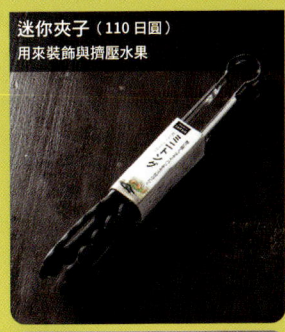

迷你夾子（110 日圓）
用來裝飾與擠壓水果

波希米亞鑽石冷酒杯 50ml（220 日圓）
推薦用來裝一口杯雞尾酒

透明醬油噴霧瓶 80ml（110 日圓）
裝入喜歡的香氣或利口酒，調完酒後可以噴上香氣

迷你量杯（110 日圓）
可以代替調酒用的量酒器。從上方也能看見刻度，十分方便

附把手的不鏽鋼濾茶網（110 日圓）
搖盪時產生的小碎冰會稀釋雞尾酒的味道，可以用濾茶網過濾掉這些小碎冰。使用方法是將雪克杯中的液體透過濾茶網倒入酒杯

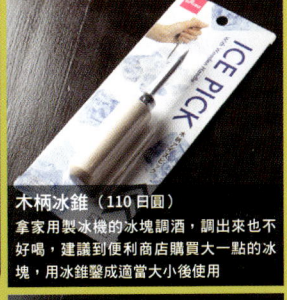

木柄冰錐（110 日圓）
拿家用製冰機的冰塊調酒，調出來也不好喝，建議到便利商店購買大一點的冰塊，用冰錐鑿成適當大小後使用

奶泡機（110 日圓）
製作酸酒類雞尾酒或材料含蛋白等搖盪起來比較費力的情況，推薦事先使用奶泡機將材料打發

美工剪刀（110 日圓）
剪檸檬皮等裝飾物的時候使用。可以剪出鋸齒的模樣，讓雞尾酒看起來更專業

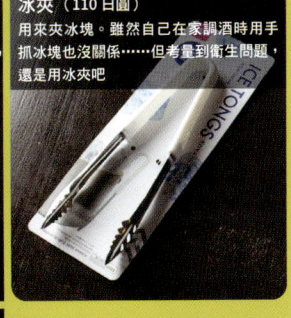

冰夾（110 日圓）
用來夾冰塊。雖然自己在家調酒時用手抓冰塊也沒關係⋯⋯但考量到衛生問題，還是用冰夾吧

開瓶器（110 日圓）
準備一支就能開各種瓶瓶罐罐

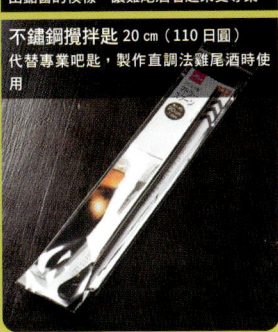

不鏽鋼攪拌匙 20 cm（110 日圓）
代替專業吧匙，製作直調法雞尾酒時使用

※ 以上價格均已含稅。
※ 每間分店存貨狀況不盡相同，可能有缺貨之情形。
※ 以上刊登之商品可能無預警停產或更改規格。

DAISO ＝ https://www.daiso-sangyo.co.jp

CONTENTS

前言 —— 002

Chapter 0 準備生活百貨的雪克杯＆3種酒 就能開始調酒 —— 004

雞尾酒索引 —— 009

Chapter 1 從零開始上手！雞尾酒基礎知識 —— 025

- 雞尾酒的定義 —— 026
- 四大烈酒：①琴酒②伏特加③蘭姆酒④龍舌蘭 —— 027
- 什麼是利口酒？ —— 031
- 調酒手法！ —— 032
- 背酒譜的法則 —— 034
- 完美無缺！怎麼調都好喝的黃金公式 —— 036

〔Column 1〕　了解清酒吧的歷史與特色 —— 042

Chapter 2 做法「輕鬆」，成果「漂亮」！Master的秘密原創雞尾酒 —— 043

- Master原創雞尾酒　共24杯 —— 044
- Master鍾愛的雞尾酒 TOP10 —— 068

006

Chapter 3　1 分鐘內調好一杯酒！兩三下搞定的直調法 —— 073

- 直調法雞尾酒　共 115 杯 —— 074
- 〔Column 2〕　酒吧須知！第一次進酒吧就上手 —— 132

Chapter 4　讓自己看起來帥上九成？從今天開始學會搖盪法 —— 133

- 搖盪法雞尾酒　共 64 杯 —— 134

Chapter 5　攪拌方式對味道影響這麼大？殺死腦細胞的攪拌法 —— 167

- 攪拌法雞尾酒　共 20 杯 —— 168
- 〔Column 3〕　Master HISTORY～前篇 —— 178

Chapter 6　雖然有點麻煩，但好喝就算了！珍藏混合法酒譜 —— 179

- 混合法雞尾酒　共 8 杯 —— 180
- 〔Column 4〕　Master HISTORY～中篇 —— 184

007

CONTENTS

Chapter 7　隔天絕對宿醉？高濃度偏門雞尾酒＆經典無酒精雞尾酒 —— 185

- 美翻天的雞尾酒　共 8 杯 —————————— 186
- 濃到爆的雞尾酒　共 10 杯 ————————— 191
- 一口杯雞尾酒　共 9 杯 —————————— 196
- 無酒精雞尾酒　共 10 杯 ————————— 201

〔Column 5〕　Master HISTORY 〜後篇 ————— 206

Chapter 8　閉上眼睛馬上穿越……品嘗知名酒吧的原創雞尾酒 —— 207

- 知名酒吧雞尾酒　共 22 杯 ————————— 208

結語 ———————————————————— 220

雞尾酒索引

以下介紹書中每一杯雞尾酒的照片與基酒資訊。
根據你偏好的基酒或外觀，找尋你喜歡的雞尾酒。

琴酒 基底

照片	頁碼	名稱
	P 044	ANCHOR 琴通寧
	P 060	大島琴蕾
	P 065	世界第二的琴通寧
	P 066	草莓與馬斯卡彭起司的液態氮雞尾酒
	P 070	奇異果馬丁尼
	P 074	琴通寧
	P 074	琴霸克
	P 075	琴瑞奇
	P 075	琴萊姆
	P 076	內格羅尼
	P 076	琴與義
	P 077	海灣微風
	P 077	狗鼻子
	P 078	忍者龜
	P 078	血腥山姆
	P 134	白色佳人
	P 134	藍月
	P 135	粉紅佳人
	P 135	琴蕾

009

\ 雞尾酒索引 /

P 136
環遊世界

P 136
藍色珊瑚礁

P 137
墨西哥佬

P 137
蘿莉塔

P 138
會館費斯

P 138
5517

P 168
馬丁尼

P 168
老爹丁尼

P 169
三位一體

P 169
羅莎

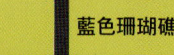

P 170
馬丁尼之焰

P 170
皮卡迪利

P 186
城市珊瑚

P 186
春日歌劇

P 190
墨西哥灣流

P 191
地震

P 194
綠色阿拉斯加

P 208
Newjack
琴通寧

P 208
金盞花與草帽的
琴通寧

P 209
馬丁尼琴索尼

P 209
哈密瓜奶油
琴索尼

P210
零陵香豆&
咖啡通寧

P 210
蜜桃梅爾巴&
甜菜通寧

P 211
柚子&抹茶的
琴通寧

P 211
竹子雪莉通寧

010

 P 212 可人兒
 P 214 蜂膝 
 P 216 嘟哇調茉莉潘趣 
 P 218 Newjack 酸酒 
 P 219 美酢之池

伏特加 基底

 P 067 奇異果與葡萄柚的液態氮雞尾酒
 P 068 野牛草通寧
 P 071 咖啡馬丁尼
 P 072 柯夢波丹

 P 079 格雷伊獵犬 
 P 079 鹹狗 
 P 080 教母 
 P 080 螺絲起子 
 P 081 哈維撞牆

 P 081 鱈魚角
 P 082 黑色俄羅斯
 P 082 白色俄羅斯
 P 083 血腥瑪麗
 P 083 莫斯科騾子

P 139 神風
P 139 海洋微風
P 140 性感海灘
P 140 俄羅斯三角琴
P 141 雪國

011

 P 141 藍色潟湖	  P 142 阿卡迪亞	  P 142 密林歡愛	 P 143 安眠酮	 P 143 希望	
 P 171 女沙皇	 P 171 放克綠色蚱蜢	 P 172 藍色海豚馬丁尼	 P 182 FBI	 P 195 伏特加冰山	
  P 197 Woo Woo	**蘭姆酒** 基底 ▶▶	 P045 寶藏莫西多	 P 048 越智咖啡馬丁尼	 P 050 銅鑼燒內格羅尼	
 P 068 牙買加老喬	 P 071 莫西多	 P 084 自由古巴	 P 084 蘭姆&鳳梨	 P 085 熱帶黃金	

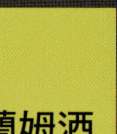

P 085 小白臉	P 086 濕地迷霧	P 086 向風群島	P 087 岡恰查拉	P 087 黑玫瑰

P 088
古巴太陽

P 088
熱奶油蘭姆

P 144
XYZ

P 144
古巴人

P 145
珊瑚

P 145
百萬富翁一號

P 146
哈瓦那海灘

P 146
暮光區

P 172
大總統

P 180
綠眼

P 180
霜凍黛綺莉

P 182
霜凍香蕉黛綺莉

P 183
杏仁鳳梨可樂達

P 189
高空跳傘

P 192
炸藥可樂

P 192
殭屍

P 193
水手

P 216
熱帶可樂達

龍舌蘭
基底
▶▶

P 059
橘子瑪格麗特

P 089
惡魔

P 089
龍舌蘭日出

P 090
猛牛

P 090
TVR

P 091
提華納螺絲

013

\ 雞尾酒索引 /

P 091 龍舌蘭高地人	P 092 龍舌蘭通寧	P 093 龍舌蘭中暑	P 093 可樂娜重擊	P 147 瑪格麗特
P 147 鬥牛士	P 148 常青	P 148 仿聲鳥	P 149 黑刺李龍舌蘭	P 149 破冰船
P 150 伯爵夫人	P 150 提華納櫻桃	P 151 魔幻巴士	P 151 夏娃的蜜桃	P 173 騎馬鬥牛士
P 181 龍舌蘭日落	P 181 霜凍瑪格麗特	P 183 芒果瑪格麗特	P 189 池畔瑪格麗特	威士忌 基底 ▶▶
P 047 威士忌 POM 酸酒	P 057 原諒	P 062 貓威蘇	P 094 威士忌蘇打	P 094 古典雞尾酒

014

 P 095 薄荷茱莉普	 P 095 賽澤瑞克	 P 096 泰勒媽咪	 P 096 紫色羽毛	 P 152 邱吉爾
 P 152 紐約	 P 153 高帽	 P 153 白花三葉草	 P 154 寂寞心靈	 P 154 諾曼第傑克
 P 155 艾爾卡彭	 P 155 威士忌酸酒	 P 156 颶風	 P 173 老友	 P 174 快吻我
 P 174 曼哈頓	 P 175 羅布羅伊	 P 187 藍色火焰	 P 213 佛陀牌新時尚	 P 219 The Two Pistols（兩把手槍）
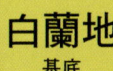 **白蘭地** 基底	 P 097 黯淡母親	 P 097 法蘭西集團	 P 098 浩克	 P 098 禁果老兄

015

\ 雞尾酒索引 /

P 099 紅約瑟芬	P 099 香蕉極樂	P 100 法國綠寶石	P 100 雪人	P 156 側車
P 157 古巴雞尾酒	P 157 亞歷山大	P 158 針刺	P 158 奧林匹克	P 159 櫻花
P 159 床笫之間	P 160 驚喜箱	P 160 皮斯可酸酒	P 161 蛋酸酒	P 175 白蘭地雞尾酒
P 176 亡者復甦一號	P 196 尼古拉斯	燒酎 基底 ▶▶	P 101 燒酎藍	P 101 不美好回憶
P 102 燒酎白	P 214 牛奶潘趣	清酒 基底 ▶▶	P 102 武士洛克	P 103 黑灘

P 103

日式皇家基爾

葡萄酒
基底

P 104

凱蒂

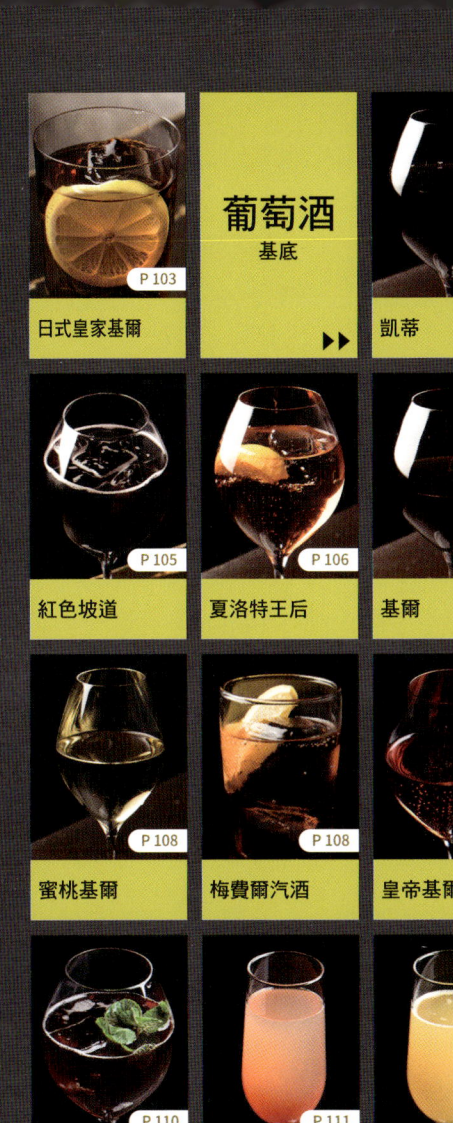

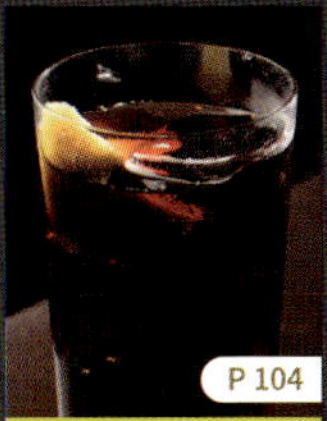

P 104

卡里莫丘

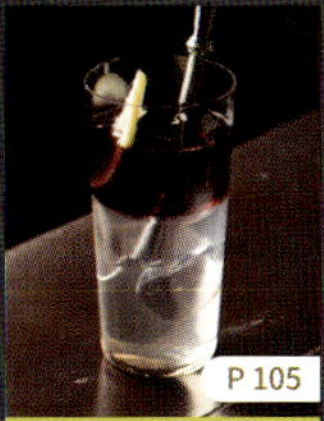

P 105

美國檸檬水

P 105

紅色坡道

P 106

夏洛特王后

P 106

基爾

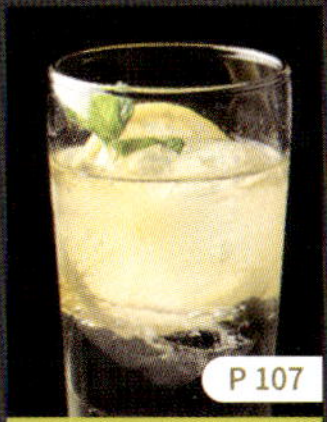

P 107

氣泡雞尾酒

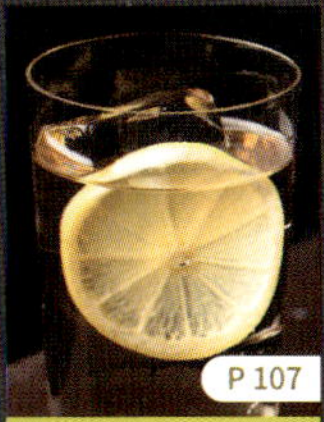

P 107

操作員

P 108

蜜桃基爾

P 108

梅費爾汽酒

P 109

皇帝基爾

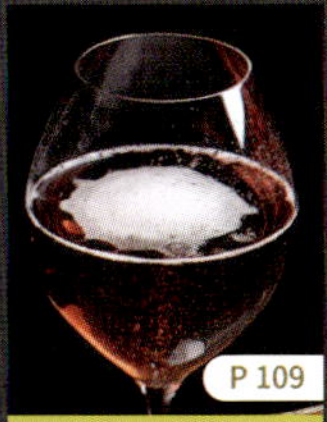

P 109

皇家基爾

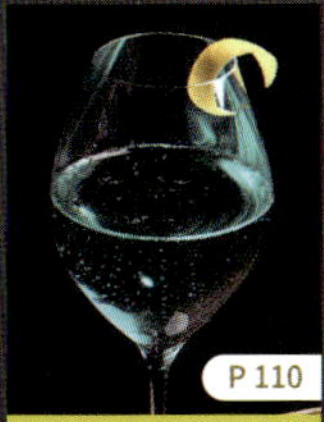

P 110

香檳藍調

P 110

提齊安諾

P 111

貝里尼

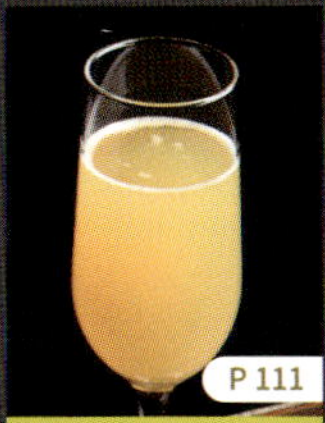

P 111

含羞草

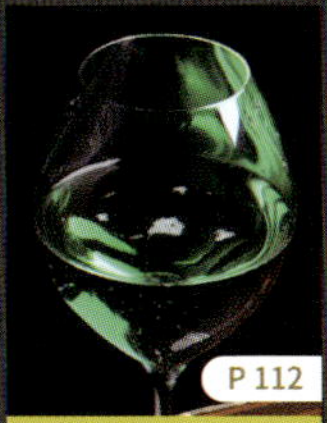

P 112

晶瑩剔透

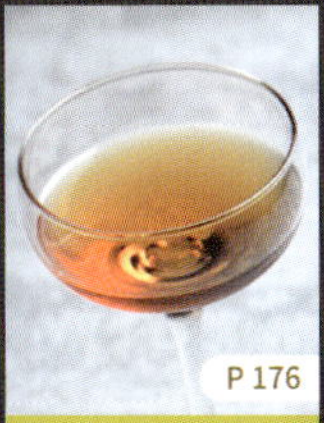

P 176

阿多尼斯

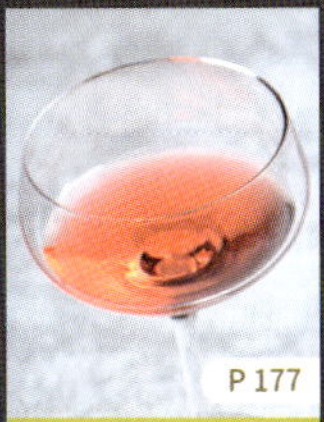

P 177

交響曲

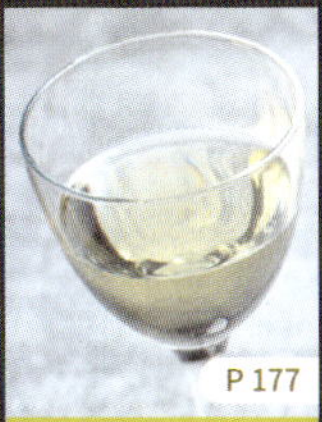

P 177

竹子

啤酒
基底

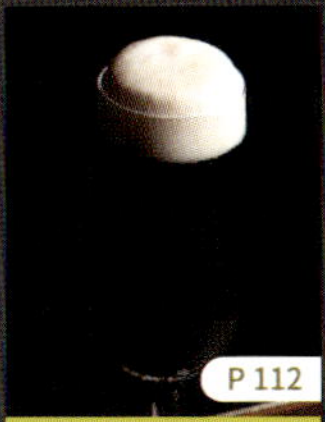

P 112

黑色天鵝絨

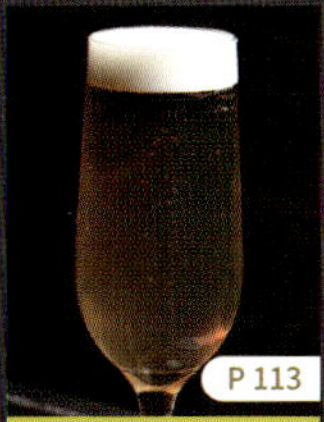

P 113

香迪蓋夫

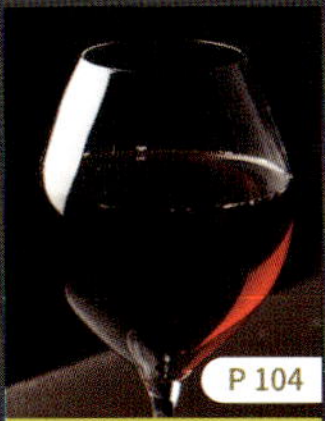

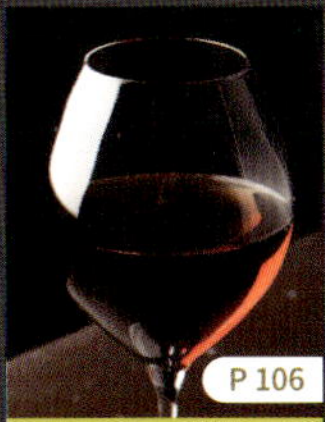

\ 雞尾酒索引 /

利口酒
基底
▶▶

 P 113 紅眼	 P 114 潛水艇	 P 114 蔓越莓啤酒	 P 115 潘納雪	P 115 雞蛋啤酒
	 P 046 FC 檸檬沙瓦	 P 051 熱帶黑醋栗柳橙	 P 052 大人的 哈密瓜蘇打	 P 053 PPAP
 P 054 玉	 P 055 西瓜＆奇異果	 P 056 德古拉	 P 058 伊斯巴翁	 P 061 無可原諒
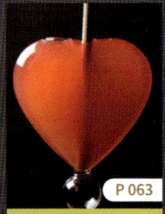 P 063 One Love England	 P 064 來島藍天	 P 069 野格炸彈	 P 069 南方安逸 萊姆一口酒	 P 070 紐約起司蛋糕
 P 116 黑醋栗柳橙	 P 116 黑醋栗葡萄柚	 P 117 黑醋栗烏龍	 P 117 黑醋栗牛奶	 P 118 黑醋栗蘇打

 P 118 禁果	 P 119 雷鬼潘趣	 P 119 蔚藍	 P 120 蜜桃爆破者	 P 120 金巴利蘇打
 P 121 泡泡雞尾酒	 P 121 金巴利葡萄柚	 P 122 美國佬	 P 122 錯誤的內格羅尼	 P 123 宙斯
 P 123 卡魯哇牛奶	 P 124 墨西哥潘趣	 P 124 卡魯哇崔斯特	 P 125 咖啡卡魯哇	 P 125 卡魯哇莓果
 P 126 綠色可爾必思	 P 126 甜瓜球	 P 127 蜜多麗 泡泡雞尾酒	 P 127 西西里之吻	 P 128 南方安逸 薑汁汽水
 P 128 棒球場	 P 129 覆盆子卡魯哇	 P 129 覆盆子葡萄柚	 P 130 覆盆子蜜桃 可爾必思	 P 130 覆盆子蛇吻

 P 131 滾球	 P 131 杏仁薑汁汽水	 P 161 綠色蚱蜢	 P 162 金色凱迪拉克	 P 162 查理卓別林
 P 163 紫羅蘭費斯	 P 163 乒乓	 P 164 馬魯魯	 P 164 好萊塢之夜	 P 165 楊貴妃
 P 166 貝禮詩馬里布山崩	 P 190 腦出血	 P 194 南無阿密陀佛	 P 196 B-52	 P 197 火箭筒老喬
 P 198 阿拉巴馬監獄	 P 198 紫色銅頭	 P 200 珍珠灣	 P 212 感謝自然	 無酒精雞尾酒 基底 ▶▶
 P 201 秀蘭鄧波兒	 P 201 薩拉托加酷樂	 P 202 仙杜瑞拉	 P 202 純潔微風	 P 203 水果潘趣

P 203	P 204	P 204	P 205	P 205
貓步	奇異果蘇打飲	無酒精 新加坡司令	蜜桃酷樂	初戀

	**其他** ※含多種基酒 ▶▶			
P 218		P 049	P 072	P 188
草本琴通寧		山丹牛奶潘趣	秘密戀情	普施咖啡

P 191	P 193	P 195	P 199	P 199
長島冰茶	法蘭西斯・ 亞伯特	琥珀之夢	E.T.	愛爾蘭大話精

P 215	P 217	P 217
法國鳥	日本帕洛瑪	六月小蟲 2.0

如何使用本書

❶ 雞尾酒名稱

❷ 酒精感程度

Master 根據自身感受判斷的酒感強弱程度。
等級分成：超重＞重＞偏重＞普通＞偏輕＞輕＞無

❸ 口感

Master 根據自身感受描述口感（Master 本人的口味比較像小孩子，與讀者飲用的感受可能不太一樣）。

❹ 飲用時機

適合飲用該雞尾酒的時機。主要分成餐前、餐後、不限、乾杯，歡迎參考。

❺ 材料

雞尾酒使用的材料。若無標明酒的品牌，可以使用任何品牌的產品。裝飾物僅為推薦，雞尾酒的照片可能不含酒譜中列出的裝飾物。沒有標記切法和分量的裝飾物，讀者可以根據個人喜好使用。

❻ 手法

直調法　搖盪法　攪拌法　混合法

※ 若為特殊的調製手法或無酒精雞尾酒，則不會顯示圖示

❼ 調製步驟

❽ 家常 MEMO　Master 根據自身觀點介紹雞尾酒的特徵與背後的故事。

〈單位標示與參考分量〉
1tsp（匙）…約 5ml
1dash（抖振）…約 1ml（苦精瓶甩一次＝ 4 ～ 6 滴）
1drop（滴）…約 1/5ml（苦精瓶 1 滴）
1cup（杯）…200ml
1PUSH（噴一下）…0.07ml ～ 0.15ml
UP（補滿）…加入適量材料至差不多裝滿杯子的程度

〈裝飾物〉
檸檬皮、橄欖、花等裝飾物。不必完全按照酒譜，可以自行選擇喜歡的裝飾物

〈果汁〉
請使用 100% 純果汁。

Chapter *1*

從零開始上手！
雞尾酒基礎知識

雞尾酒究竟是什麼東西？
這一章會介紹調酒上使用的各種酒類材料
還有製作方法等基礎知識。

雞尾酒的定義

　　雞尾酒（調酒）是由數種酒類與果汁、碳酸飲料混合而成的調飲。構成雞尾酒的材料可分為三大種類。

　　第一種是基酒（基底酒），包含啤酒、葡萄酒、清酒等釀造酒，以及威士忌、白蘭地、燒酎等蒸餾酒。順帶一提，釀造酒是米、麥、葡萄等原料發酵而成的酒；蒸餾酒則是用蒸餾器加熱釀造酒，使乙醇蒸發後再凝結而成的酒類。蒸餾酒在蒸餾過程去除了雜質，質地較為單純，琴酒、伏特加、蘭姆酒、龍舌蘭這四大烈酒都屬於蒸餾酒。

　　第二種是利口酒。利口酒是將水果、藥草、香草植物、堅果的香氣成分融入釀造酒或蒸餾酒而成的再製酒。利口酒的英文「liqueur」源自拉丁語的「liquifacere」，意思是「溶解」。也有一說是源自發音不標準的法文單字「liquor」（液體）。利口酒通常是設計來加水，加果汁或加碳酸飲料後飲用，因此許多產品的酒精濃度都比較高。

　　第三種是副材料，包含蘇打水、通寧水等碳酸飲料，柳橙汁、葡萄柚汁等果汁，還有糖漿、蛋、乳製品。

　　製作雞尾酒時，所有材料的組合可以分成兩種模式：基酒＋利口酒＋副材料／基酒或利口酒＋副材料。基本上，雞尾酒的架構不是第一種，就是第二種。

雞尾酒的架構　　基酒 ＋ 利口酒 ＋ 副材料
　　　　　　　　　基酒 or 利口酒 ＋ 副材料

四大烈酒：①琴酒（Gin）

調酒上常用的烈酒有琴酒、伏特加、蘭姆酒、龍舌蘭。日本的酒稅法規定，不屬於清酒至威士忌類中的任何一類，且蒸發後非揮發性成分不足2度者便屬於烈酒，而琴酒、伏特加、蘭姆酒、龍舌蘭都符合這項描述。烈酒的味道乾淨，質地清澈，是相當好用的雞尾酒材料。

以下介紹這四大烈酒的特徵。先從琴酒開始。

琴酒的定義是「使用以杜松子為主的植物原料增添香氣的蒸餾酒」。所謂的植物原料，泛指任何替蒸餾酒添味的香草植物，其中最主要的杜松子（juniper）是刺柏科針葉樹的果實，通常會乾燥後使用。琴酒要使用什麼樣的植物原料並沒有統一的規定，像日本製作的琴酒會加入抹茶、柚子、山椒等材料來表現日本的特色。

琴酒的原料是大麥、裸麥或玉米等穀物。植物原料是琴酒的命脈，所以生產酒精的原料通常會選擇沒有味道的穀物，避免風味產生衝突。一般的做法是使用連續式蒸餾器做出穀物蒸餾酒，再浸泡植物原料。

以下介紹四種琴酒。現今世界上大多數人口中的琴酒都屬於倫敦生產的乾口琴酒（dry gin）。乾口琴酒的製程經過多次蒸餾，乾淨的質地深受全球喜愛。

荷蘭琴酒（genever，另譯杜松子酒）的製程上不使用連續式蒸餾器，而是以壺式蒸餾器蒸餾，保留了穀物的風味。通常味道較甜，口感厚重，飲用方式以純飲居多。德國的施泰因哈根琴酒（Steinhagen）源自當地一個名叫施泰因哈根的村莊，使用了發酵的杜松子，並以壺式蒸餾器蒸餾製成。

最後則是老湯姆琴酒（old tom gin），是一種英國早期生產的琴酒風格。在連續式蒸餾器尚未發明的時代，會在蒸餾出來的酒液中加糖，製成甜味的琴酒。傳說以前有一隻叫作湯姆的黑貓不慎掉入裝琴酒的木桶，導致琴酒沾上了湯姆的味道，所以才取作老湯姆琴酒。

四大烈酒：②伏特加（Vodka）

伏特加的知名產地莫過於俄羅斯。由於伏特加的度數很高，在沒有暖氣的時代，人們會飲用伏特加來保暖。

伏特加的原料可以是裸麥、小麥、大麥、馬鈴薯、乳糖，什麼都可以。做法是將原料磨碎後糖化，發酵成酒精，使用連續式蒸餾機製成酒精濃度 95% 以上的穀物烈酒，再加水將酒精濃度降低至 40～60 度，最後反覆過濾直到無臭無味的地步。過濾時通常會用白樺、相思樹的活性碳，將穀物原料的特色盡量濾除。費工的蒸餾程序，才能做出品質優異的伏特加。這樣的製程，讓伏特加的風味十分純淨，因此非常適合用來調製雞尾酒。

除了透明的伏特加，也有一些加了其他香氣的調味伏特加。這種調味伏特加可以說是反其道而行的發明。

伏特加開始普及的 14 世紀，使用的原料包含各式各樣的穀物。當時的人認為純飲伏特加不健康，所以會摻果汁或水一起喝。而在沒有蒸餾器的情況下，做出來的伏特加本身充滿雜味，還留有穀物原料的臭味，令人難以下嚥。

於是生產者反轉思維，加入香草和水果萃取液來掩蓋雜味，創造出了調味伏特加。

比較有名的調味伏特加，例如波蘭的野牛草伏特加（Żubrówka）。這種伏特加浸泡了野牛草（bison grass），而且還是採自波蘭的世界遺產，比亞維札森林（Białowieża Forest）。裝瓶時還會人工放入一根野牛草。

伏特加的主要產地

俄羅斯……由於氣候嚴寒，生產了許多度數非常高的伏特加。
波蘭……伏特加生產商多達 700 間，知名廠牌如 absoluments。
美國……大多以玉米作為原料，風味乾淨，適合用於調酒。

四大烈酒：③蘭姆酒（Rum）

蘭姆酒的原料是甘蔗。甘蔗通常會在糖度達到最高的乾季收割，而且必須與時間賽跑，收割下來的甘蔗會立刻開始水解和氧化，所以要趕快榨汁。

蘭姆酒的做法，是先將甘蔗堅硬的莖清洗乾淨後裁切、榨汁，然後加熱糖化，再使用離心機分離。

甘蔗汁會分離成結晶化的砂糖，與無法結晶成糖的「糖蜜」（molasses）。全球有八成的蘭姆酒都是用糖蜜製作的，這種蘭姆酒稱作傳統蘭姆酒（traditional rum）。

使用離心機分離出來的糖蜜發酵 24～36 小時之後，會產生酒精濃度約 4% 的酒液，接著透過數度蒸餾提高酒精濃度至 70 度左右，再放入不鏽鋼槽靜置 3～12 個月。靜置一段時間後，即可加水稀釋裝瓶。這種方式製成的蘭姆酒稱作白色蘭姆酒（light rum）。

若將白色蘭姆酒放入木桶中熟成 2 年，便稱作金色蘭姆酒（gold rum）；熟成 3 年以上的則稱為深色蘭姆酒（dark rum）。

相信各位讀者也看過有些蘭姆酒有顏色，有些蘭姆酒沒顏色。這是因為熟成時間愈長，酒液會吸收愈多木桶的顏色，因此顏色變得更深。

只要是使用甘蔗製作的蒸餾酒，不管用的是糖蜜還是甘蔗汁，都屬於蘭姆酒。其中也包含使用 100% 甘蔗汁製作的蘭姆酒，稱作農業型蘭姆酒（rhum agricole）。蘭姆酒的定義範圍相當廣泛，據說全球共有約 4 萬種蘭姆酒。

蘭姆酒的類型

白色蘭姆酒……透明無色、鮮少特殊味道，經常用於調酒。
金色蘭姆酒……於木桶中熟成 2 年，略帶褐色的蘭姆酒。
深色蘭姆酒……於木桶中熟成 3 年以上，呈現深褐色。大多來自牙買加。

四大烈酒：④龍舌蘭（Tequila）

龍舌蘭是墨西哥的知名酒種，很多人對龍舌蘭的印象都是裝在小杯子裡面，喝的時候要一口乾。如果你覺得這樣子喝龍舌蘭不好喝，可能是因為你喝到不適合一口乾的龍舌蘭。

其實龍舌蘭分成兩種類別：「100% de Agave」（純龍舌蘭）和「Mixto」（混合龍舌蘭）。龍舌蘭的原料是韋伯龍舌蘭（Agave tequilana var. azul），又名藍色龍舌蘭（Blue agave）。這種植物很特別，加熱後會散發出甜美的香氣。龍舌蘭就是榨取龍舌蘭草莖部的汁液後蒸餾製成。

前一頁介紹的蘭姆酒，定義非常寬鬆；龍舌蘭的定義則非常嚴格，必須遵守墨西哥龍舌蘭規範委員會（Consejo Regulador del Tequila，CRT）制定的規範，才能稱作「Tequila」。

其中比較主要的規定，包含原料必須使用 51% 以上的墨西哥境內採收的龍舌蘭草，勾兌後的酒精濃度介於 35%～55%。一旦違反這些規定，就會面臨法律制裁。

而原料必須含 51% 以上龍舌蘭草的規範，便造就了前述兩種龍舌蘭的區別。只要原料含 51% 以上的龍舌蘭草，就可以標示為 Tequila；混合龍舌蘭通常是指原料含量稍微達標，且加入了糖和香料等其他材料製成的龍舌蘭。

而 100% 使用龍舌蘭草製作的酒又稱作高級龍舌蘭（premium tequila），可以嘗到龍舌蘭草原始的甜味。而這種龍舌蘭又依熟成時間長短而有不同的稱呼。

未經熟成直接出貨的稱為「銀色龍舌蘭」（silvertequila。silver 也常標記為 blanco、plata），酒色透明，不適合一口乾。用一口乾的方式喝銀色龍舌蘭，可能會覺得不怎麼好喝，甚至以後再也不想喝了。銀色龍舌蘭比較適合作為雞尾酒的基底。

接下來還有熟成 60 天到 1 年的短陳龍舌蘭（reposado），熟成超過 1 年的陳年龍舌蘭（añejo），熟成超過 3 年的特級陳年龍舌蘭（extra añejo）。酒色較深的龍舌蘭是因為熟成時間較長，吸收了較多木桶的顏色。陳年龍舌蘭的味道類似威士忌，一口乾也好喝。

什麼是利口酒？

利口酒（香甜酒）是指將水果、藥草、香草植物的香味成分融入蒸餾酒或釀造酒而成的再製酒。種類非常豐富，可以根據主要使用的原料區分成四大類。

水果類

用水果果肉或果皮製作的利口酒。特色是具有濃郁的水果風味和鮮豔的色彩，味道甜且順口。水果類利口酒選擇相當多，幾乎每一種水果的口味都找得到。

主要種類

黑醋栗利口酒、橙皮利口酒（君度橙酒）、百香果利口酒（Passoã）、荔枝利口酒（DITA荔枝利口酒）、水蜜桃利口酒（Peachtree）、麝香葡萄利口酒（Mistia）。

藥草、香草類

用藥草、香草植物、香料製作的利口酒，原本是作為藥物服用，因此通常味道較重，具有獨特的風味。

主要種類

金巴利（Campari，藥草與苦橙）、香艾酒（vermouth，白酒與香草）、紫羅蘭利口酒（紫羅蘭成分與柑橘類水果）、紅茶利口酒、綠茶利口酒。

堅果、種子類

用咖啡、榛果、杏仁等堅果或果核（種子）、豆類製作的利口酒，通常具有濃郁的香氣和醇厚的甜味。

主要種類

咖啡利口酒（卡魯哇）、杏仁利口酒、椰子酒（馬里布）。

其他特殊口味類

不屬於上述任何一類，製作技術較為新穎的利口酒。例如使用蛋、奶油或優格等原料，通常風味厚重，以甜點型利口酒居多。

主要種類

奶油利口酒（貝禮詩）、優格利口酒（Yogurito）、蛋酒（Advocaat）。

調酒手法！

 手法❶ 直調法
\觀看示範影片/

直接在杯子裡面製作雞尾酒的手法。將材料倒入杯中，然後用吧匙由下而上輕輕攪拌即可。通常用於調製長飲型雞尾酒，例如酒加果汁或蘇打水的雞尾酒。

① 量好材料的分量後倒入杯子
② 用吧匙輕輕攪拌

 手法❷ 攪拌法
\觀看示範影片/

轉動攪拌杯裡的冰塊，讓冰塊的邊角融化，防止調酒過程冰塊融化得太快，導致雞尾酒口味稀淡。倒掉冰塊融化的水後，再將酒倒入攪拌杯，攪拌完成後蓋上隔冰器，將酒液倒入杯子。

① 去除冰塊的邊角後，將材料倒入攪拌杯
② 攪拌時，僅使用中指與無名指轉動吧匙。動作是用中指抵住吧匙，再用無名指反覆將吧匙彈出
③ 蓋上隔冰器，將酒液倒入杯子

032

手法❸ 搖盪法

\觀看示範影片/

將冰塊和材料加入雪克杯，蓋起來後打開上蓋一次，排出空氣（否則氣體膨脹會導致雪克杯爆開）。以正確的手勢拿好雪克杯，自身體中心向前推出。如果直直向前推出，冰塊會撞到雪克杯的底部並融化，所以要搭配手腕扭轉的動作，讓冰塊在雪克杯中旋轉。搖盪完成後打開上蓋，將酒液倒入杯子。想在家裡調製搖盪法的雞尾酒，大創賣的300ml雪克杯就很堪用了。

❶ 按好雪克杯容易鬆脫的3個部分。右手拇指按住上蓋，食指支撐杯身，左手抵住底部

❷❸ 從身體中心向前推出雪克杯，並且扭轉手腕，讓冰塊旋轉。搖盪速度逐漸加快，快結束時再放慢速度，到最後俐落地停止

手法❹ 混合法

\觀看示範影片/

將材料和碎冰加入果汁機，打成霜凍雞尾酒（frozen cocktail）。必須掌控好碎冰的用量，以免質地稀淡。只要有工具，人人都能輕鬆製作。

❶ 將材料加入果汁機攪打均勻

033

背酒譜的法則

雞尾酒的種類多如繁星，此時此刻也依然有新的雞尾酒誕生，想要記住所有酒譜是不可能的。不過雞尾酒的酒譜其實有規則可循，只要背好基礎酒譜，就能輕鬆記起 100 種、150 種不同的酒譜。以下介紹一些背酒譜的方法。

① 按同系列的變化

白色佳人系列

白色佳人的材料是琴酒＋君度橙酒＋檸檬汁。如果將基酒的部分從琴酒換成伏特加，就會變成俄羅斯三角琴；換成蘭姆酒則變成 XYZ。

泡泡雞尾酒系列

泡泡雞尾酒的材料是金巴利＋葡萄柚汁＋通寧水。如果基酒換成蘭姆酒，則變成古巴太陽；換成伏特加則變成伏特加古巴太陽；換成龍舌蘭則變成帕洛瑪。

教父系列

教父的材料是蘇格蘭威士忌＋杏仁香甜酒。如果蘇格蘭威士忌換成伏特加則變成教母；換成白蘭地則變成法蘭西集團。

血腥瑪麗系列

血腥瑪麗的材料是伏特加＋番茄汁。如果將基酒換成琴酒，則變成血腥山姆；換成龍舌蘭則變成草帽；換成蘭姆酒則變成古巴小子。

亞歷山大系列

亞歷山大的材料是白蘭地＋可可利口酒＋鮮奶油。如果將基酒換成伏特加則變成芭芭拉；換成琴酒則變成瑪莉公主。

曼哈頓系列

曼哈頓的材料是裸麥威士忌＋甜香艾酒。如果將基酒換成蘇格蘭威士忌，則變成羅布羅伊；換成白蘭地則變成卡羅；換成蘭姆酒則變成小公主。

②按副材料

香檳

香檳加黑醋栗利口酒是皇家基爾；香檳加新鮮柳橙汁是含羞草；香檳加水蜜桃果汁是貝利尼。

啤酒

啤酒加薑汁汽水稱作香迪蓋夫；啤酒加番茄汁稱作紅眼；啤酒加檸檬水則變成潘納雪；啤酒加白酒稱作啤兒汽酒。

薑汁汽水

酒＋檸檬汁＋薑汁汽水的組合，都稱作某某霸克。如果基酒是琴酒，便稱作琴霸克；改成蘭姆酒則稱為蘭姆霸克；改成龍舌蘭則稱作龍舌蘭霸克。

通寧水／可樂

基酒＋通寧水就直接稱作某某通寧，例如伏特加通寧、琴通寧、龍舌蘭通寧、蘭姆通寧。可樂＋蘭姆酒的雞尾酒稱作自由古巴；可樂＋馬里布椰子利口酒則稱為馬里布可樂，與紅酒混合則稱為卡里莫丘。

③按雞尾酒類型

費斯類（Fizz）

檸檬汁加入糖漿混合後，再用蘇打水稀釋的類型。常見的雞尾酒有紫羅蘭費斯、琴費斯、可可費斯。

酸酒類（Sour）

酸酒類就是費斯去掉蘇打水的樣子。酸酒是指帶有酸味的雞尾酒，與常見的檸檬沙瓦是不一樣的東西。

瑞奇類（Rickey）

酒加萊姆與蘇打水的雞尾酒。常見的有琴瑞奇、伏特加瑞奇、蘭姆瑞奇、龍舌蘭瑞奇。

茱莉普（Julep）

酒＋薄荷＋砂糖＋碎冰的風格，最後會補一些蘇打水或水。

＼完美無缺！／
怎麼調都好喝的
黃金公式

正如前一頁所提到的，世上存在無限多種雞尾酒與酒譜。有些人人熟知的經典酒譜，只要稍微改變材料的分量或調整一下組合，就能創造出新的雞尾酒。

不過初學者可能不清楚什麼樣的酒適合搭配什麼樣的副材料。因此，這裡會介紹一些無論使用哪種酒或是利口酒，調出來都能保證好喝的「黃金公式」。只要掌握這些材料的組合，新手也能輕鬆調出令人驚豔的美味雞尾酒！

黃金公式 1

酒 ＋
葡萄柚汁 ＋
通寧水

這是經典到不能再經典的黃金公式，即「泡泡雞尾酒系列」的架構。基酒為金巴利時稱作「泡泡雞尾酒」；若換成DITA荔枝利口酒，則稱為「DITA荔枝利口酒moni」；換成帕索瓦百香果利口酒（Passoã）則稱為「Passoãmoni」。這個組合的標準比例是1份酒：3份葡萄柚汁：3份通寧水，優點在於葡萄柚汁和通寧水的分量就算不精準也能調出好喝的酒。葡萄柚汁和通寧水除了搭配上述介紹的酒，搭配其他酒也非常好喝。

基酒　　葡萄柚汁　　通寧水

036

黃金公式 2

酒＋薑汁汽水＋芒果汁

薑汁汽水與芒果汁也是黃金公式之一，搭配利口酒和四大烈酒都很不賴。喜歡喝甜一點的人可以增加芒果汁的分量，不想喝那麼甜的人則可增加薑汁汽水的分量，可依個人口味隨意調整。

基酒　＋　薑汁汽水　＋　芒果汁

黃金公式 3

酒＋君度橙酒＋檸檬汁

材料含君度橙酒與檸檬汁的雞尾酒有「白色佳人」。這組材料的黃金比例是 2:1:1，以白色佳人為例，基酒的琴酒為 30ml，君度橙酒與檸檬汁則各為 15ml。基酒換成伏特加或龍舌蘭，同樣能調出一杯保證好喝的雞尾酒。

基酒　＋　君度橙酒　＋　檸檬汁

黃金公式 4

酒＋君度橙酒＋萊姆汁＋蔓越莓汁

> 這套黃金公式是我最喜歡的「柯夢波丹」系列雞尾酒。柯夢波丹的基酒是伏特加，材料比例為3：1：1：1。我喜歡柯夢波丹到甚至嘗試過搭配各式各樣的利口酒，發現換成任何水果風味的利口酒幾乎都能調出很好入口的雞尾酒。

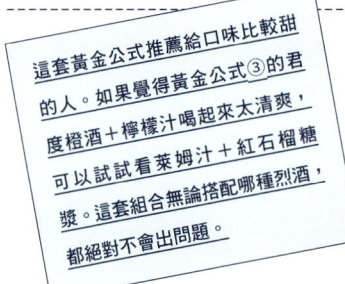

基酒 ＋ 君度橙酒 ＋ 萊姆汁 ＋ 蔓越莓汁

黃金公式 5

酒（琴酒）＋萊姆汁＋紅石榴糖漿

> 這套黃金公式推薦給口味比較甜的人。如果覺得黃金公式③的君度橙酒＋檸檬汁喝起來太清爽，可以試試看萊姆汁＋紅石榴糖漿。這套組合無論搭配哪種烈酒，都絕對不會出問題。

基酒 ＋ 萊姆汁 ＋ 紅石榴糖漿

黃金公式 6

酒＋
薑糖漿＋
通寧水＋
蘇打水

混合了通寧水與蘇打水各半的風格稱作「索尼」（Sonic），再加上薑糖漿就成了這套黃金公式。任何酒調成霸克類都很不錯，尤其是烈酒、威士忌或君度橙酒，簡直好喝到不行。

〈薑糖漿的製作方法〉
將丁香、芫荽籽、肉豆蔻、檸檬香茅和小豆蔻等香料搗碎，生薑去皮後切片，準備一顆檸檬切片，將所有材料丟入水中煮沸。煮沸後過濾出液體，加入過濾後液體分量 1.2 倍的砂糖並攪拌。

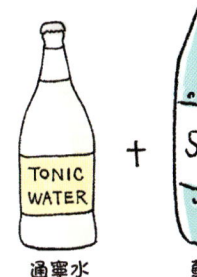

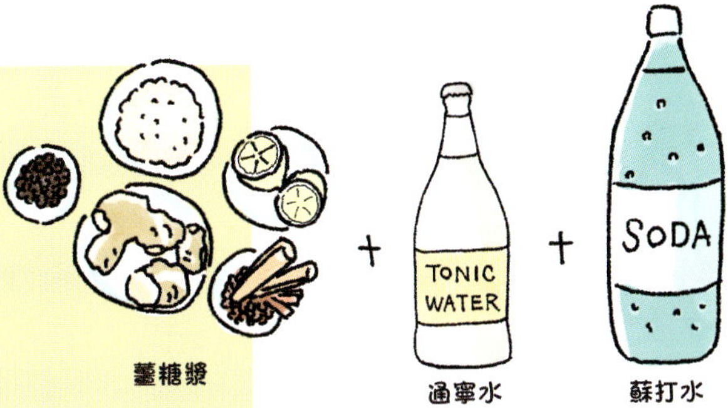

薑糖漿 ＋ 通寧水 ＋ 蘇打水

黃金公式 7

威士忌＋
牛奶＋
甜味利口酒

這個公式或許有些出人意表。有一杯威士忌加牛奶的雞尾酒叫作「牛仔」（Cowboy），如果再加入甜味利口酒（例如杏仁利口酒、貝禮詩奶酒、卡魯哇咖啡利口酒），味道會更好。就添加甜味材料這一點來說，加蜂蜜也行，只是蜂蜜比較難融化，還是搭配甜味利口酒更好一些。

威士忌 ＋ 牛奶 ＋ 甜味利口酒

039

黃金公式 8

水果類利口酒＋
蔓越莓汁＋
可爾必思

> 我的口味和小孩子一樣，喜歡甜甜的東西，所以也非常喜歡這項黃金公式。可爾必思、蔓越莓汁再搭配水果類利口酒簡直是天作之合。無論是黑醋栗利口酒、水蜜桃利口酒還是青蘋果利口酒，大家應該都能想像搭配起來有多好喝。我個人也很推薦哈密瓜利口酒。

水果類利口酒　＋　蔓越莓汁　＋　可爾必思

黃金公式 9

清酒＋
牛奶＋可爾必思

> 這是以清酒為基底的黃金公式。這種組合調出來的酒稱作「Snow ○○○○」，可爾必思經過搖盪後會呈現雪一般的蓬鬆口感。牛奶加可爾必思本來就很好喝，所以即使是不太敢喝清酒的人，套用這項公式後也會覺得十分美味。

清酒　＋　牛奶　＋　可爾必思

＼ 黃金公式的技巧 ／
加入一點酸甜混合液

檸檬　　萊姆　　水　　糖漿

酸甜混合液是一種萬能糖漿，當你覺得雞尾酒的味道少了點什麼時，只要加入一點點就能讓味道變得恰到好處。換句話說，只要加入酸甜混合液，任何材料搭配起來都會形同黃金公式。國外市面上有販售調配好的酸甜混合液，不過我們也可以自行製作。將等分的糖漿、水、萊姆汁和檸檬汁混合均勻即可。

＼ 黃金公式的技巧 ／
最萬能的利口酒：接骨木花利口酒

聖杰曼（ST-Germain）接骨木花利口酒是最強、最萬能的利口酒，在任何現有酒譜中加入這款利口酒，香氣都會變得非常棒，調什麼都好喝。接骨木花是每年只會在春末開花 2～3 週的珍貴花朵。聖杰曼不使用乾燥或冷藏的花朵，而是使用手工採摘的鮮花製作，因此擁有香氣十分奔放、華麗。任何雞尾酒要加入接骨木花利口酒都沒問題，如果是威士忌蘇打的話，建議比例為 30ml 威士忌、90ml 蘇打水，10ml 接骨木花利口酒，這樣可以讓滋味大升級。

聖杰曼

【了解清酒吧的歷史與特色】Column 1

酒吧的起源可以追溯到美國西部拓荒時代（19世紀）。不過日本酒吧的發祥時間也比想像中得早，據說最早出現於1860年左右的橫濱。不過，當時的酒吧主要是服務來到日本的外國人，而不是日本人。

日本最早的正式酒吧，是1880年於淺草開業的「神谷酒吧」（神谷バー）。後來1949年日本解除酒類商品銷售禁令，人們得以在各式各樣的店家享受酒飲，這一年也被世人視為「酒吧元年」。

酒吧有很多種類型，以下一一介紹到底有哪些類型。第一種是正統酒吧（authentic bar）。這類酒吧氣氛比較高雅，對第一次上酒吧的人來說比較有挑戰性。座席費大約是1500日圓，雞尾酒價格則大約每杯1500日圓，因此最好準備1萬日圓左右的預算。

第二種是單杯酒吧（shot bar），座席費大約500～1000日圓。雞尾酒的價格則為每杯800～1000日圓，較正統酒吧親民。

第三種是站飲酒吧（standing bar），顧名思義就是站著喝酒的酒吧，價格上比較便宜，適合一群人聚在一起熱鬧喝酒。西班牙的酒吧大多屬於這種風格。

第四種是餐酒館，我開的店「ANCHOR」就屬於這種風格。餐酒館提供豐富的食物，適合當作第一家店享受美食與美酒。

第五種是音樂酒吧。其中又分成播放爵士樂的爵士酒吧、播放搖滾樂的搖滾酒吧。音樂酒吧的特色就在於老闆和客人都喜歡音樂，如果你喜歡音樂，獨自前往也很容易交到朋友，並成為常客。

除了上述幾種，也有可以玩飛鏢的飛鏢酒吧、可以打撞球的撞球酒吧等娛樂性酒吧。還有專門供應某種酒類的酒吧，例如專門供應葡萄酒的葡萄酒吧、專門供應燒酎的燒酎酒吧。

另外像英國的大眾酒館 Pub 也是酒吧的一種形態，這類酒吧主要供應啤酒和威士忌，採每杯酒點完先結帳的消費方式。

世上有各式各樣的酒吧，各位不妨也找找看自己喜歡什麼樣的酒吧，並且盡情享受。

Chapter 2

做法「輕鬆」，成果「漂亮」！
Master 的秘密原創雞尾酒

這一章會介紹我在「ANCHOR」
提供的原創雞尾酒，
以及我自己喜歡的其他雞尾酒。

Master — 原創雞尾酒

> **家常 MEMO**
> 正如各位看到的名字,這杯雞尾酒是 ANCHOR 的特調。概念上從永續發展的觀點出發,重點是連橘子皮也要用上。橘子花噴霧是將夏天採收下來冷凍保存的橘子花,與水混合後蒸餾製成。提供給顧客之前噴一下橘子花噴霧,並蓋上帽子,這麼一來顧客飲用時就能享受到橘子花的香氣。

連皮帶花「完整享受橘子風味」!

ANCHOR
琴通寧

`普通`　`清爽`　`不限`

〔材料〕
ANCHOR 琴酒(橘子琴酒)30ml／接骨木花利口酒 10ml／通寧水 120ml／橘子花噴霧 1PUSH

橘子仔細去除白絡後,用食物乾燥機烘乾,泡入琴酒 1 小時,過濾後即可製成橘子琴酒。將準備好的琴酒與聖杰曼接骨木花利口酒加入裝了冰塊的玻璃杯攪拌,然後加入 120ml 通寧水(分量務必精準)。最後噴上橘子花噴霧,替杯子戴上蓋子即完成。

044

體驗打開寶箱的雀躍感

寶藏莫西多

> **家常 MEMO**
>
> 這杯雞尾酒源自我在今治市大島擔任漁夫時的經歷。大島是村上海賊的發源地，過去有許多海盜。而說到海盜，就讓人聯想到寶箱，所以我將兩種概念結合成這杯雞尾酒。最後煙燻完關上寶箱，客人打開寶箱時就會冒出煙霧，這樣的呈現手法非常受歡迎。只要有一位客人點了這杯酒，通常就會吸引其他人跟著點同一杯。

`普通`　`清爽`　`不限`

〔材料〕
香料蘭姆酒 30ml ／薄荷適量／
自製薑糖漿 20ml ／安格仕苦精 6dash ／
新鮮萊姆汁 15ml ／蘇打水 60ml

將 薄荷葉、香料蘭姆酒、薑糖漿、安格仕苦精、新鮮萊姆汁加入古典杯，輕輕搗一搗，倒入蘇打水。接著加入碎冰，放上薄荷葉裝飾。將杯子放入寶箱，煙燻過後即完成。

045

Master ── 原創雞尾酒

替「FC 今治」加油的靈魂調飲

FC 檸檬沙瓦

普通　清爽　不限

〔材料〕
自製檸檬酒 45ml ／
無農藥新鮮檸檬汁 10ml ／
自製昆布糖漿 1tsp ／
瀨戶內海鹽水 1PUSH ／
蘇打水 90ml ／藍色雪酪

將檸檬酒、檸檬汁、昆布糖漿、鹽水加入裝了冰塊的玻璃杯，充分攪拌。加入蘇打水後確實攪拌均勻，氣泡散失也沒關係。最後放上刨冰般的藍色雪酪即完成。
※藍色雪酪的做法是將 1 份藍柑橘利口酒、3 份通寧水、3 份蘇打水混合後，撒上聖誕島的鹽巴再拿去冷凍。

家常 MEMO

我原本就喜歡看足球賽，一直很支持愛媛縣在地的隊伍 FC 今治。有天該隊的球員和主席岡田武史開始光顧酒吧，我也與他們培養出不錯的交情。這杯雞尾酒的概念是 FC 今治的球衣顏色（下黃上藍），一開始喝起來口感清爽，隨著藍色雪酪融化，味道會慢慢變甜。一杯酒可以從清爽喝到甜，享受到兩種風味。

> **家常 MEMO**
>
> 這杯雞尾酒使用了愛媛在地栽種的橘子。有一個知名的果汁品牌叫 POM，具有「日本第一」（NIPPON ICHI）的意思。而這杯名字帶有 POM 的雞尾酒，也意謂著「挑戰成為日本第一的威士忌雞尾酒」。簡單來說，這杯酒就是橘子版本的威士忌酸酒，特色是味道甜美又清爽。

日本第一的「清甜滋味」！

威士忌 POM 酸酒

`普通`　`清甜`　`不限`

〔材料〕
格蘭傑（威士忌）30ml ／無農藥檸檬汁 20ml ／
自製橘子油糖 10ml ／安格仕苦精 6dash ／
蛋白 30ml ／無農藥新鮮橘子汁 10ml

將 格蘭傑威士忌、檸檬汁、油糖、苦精、蛋白、橘子汁加入裝了冰塊的雪克杯，搖盪後倒入雞尾酒杯。

Master ── 原創雞尾酒

就著咖啡喝下對今治的愛

普通　苦甜　餐後

〔材料〕
咖啡豆浸漬深色蘭姆酒 30ml ／
咖啡利口酒 15ml ／
PX 雪莉酒 5ml ／黑醋栗糖漿 10ml ／
義式濃縮咖啡 45ml

將深色蘭姆酒、咖啡利口酒、PX 雪莉酒、黑醋栗糖漿、義式濃縮咖啡加入裝了冰塊的雪克杯，搖盪後倒入雞尾酒杯，最後放上幾顆用噴槍烤過的咖啡豆裝飾即完成。

越智咖啡馬丁尼

家常 MEMO

今治有一家名為「越智商店」的咖啡豆商家，這杯用的就是他們替我挑選的咖啡豆。「越智」也是今治常見的姓氏，因此我將這杯雞尾酒的名稱冠上「越智」，讓人能夠馬上聯想到今治。喜歡喝咖啡的人一定會喜歡這杯酒，而且材料還包含黑醋栗糖漿，口味偏甜，不喜歡咖啡的人也能輕鬆享受。

048

(輕) (甜) (不限)

〔材料〕
牛奶潘趣 90ml ／百香果糖漿 5ml ／
（浸漬蝶豆花的）山丹清酒 15ml ／
SG 燒酎米 15ml

將 牛奶潘趣（milk punch）與百香果糖漿加入攪拌杯。攪拌完倒入杯中。將浸漬了蝶豆花的山丹清酒和 SG 燒酎漂浮在表層。

山丹牛奶潘趣

地方特產雞尾酒一定是大大大拇指

家常 MEMO
山丹是今治在地生產的清酒，果香充沛，非常適合拿來調酒；我還泡了蝶豆花增添風味。蝶豆花是一種原產自東南亞的植物。

049

Master —— 原創雞尾酒

偏重　甜　餐後

〔材料〕
銅鑼燒蘭姆酒 30ml ／甜香艾酒 15ml ／
金巴利 20ml ／迪莎羅娜杏仁利口酒 5ml ／
PX 雪莉酒 5ml

將　銅鑼燒蘭姆酒、甜香艾酒、金巴利、迪莎羅娜杏仁利口酒、PX 雪莉酒加入攪拌杯。攪拌後倒入裝了冰塊的玻璃杯。

銅鑼燒也能成為夜晚的主角

銅鑼燒
內格羅尼

家常 MEMO

將深色蘭姆酒與銅鑼燒放入果汁機打勻後冷凍，待油脂凝結分離後過濾，這樣就能做出調這杯酒時最關鍵的銅鑼燒蘭姆酒。為了搭配 DORAICHI 的「鹽奶油銅鑼燒」，這杯內格羅尼調得比較甜一些。建議喝一口甜甜的內格羅尼，再咬一口鹹的銅鑼燒，兩者交替品嘗。這是一杯為了讓 DORAICHI 的銅鑼燒吃起來更加美味而設計的雞尾酒。

050

輕　甜　不限

〔材料〕
黑醋栗利口酒 30ml／玫瑰糖漿 10ml／
無農藥橘子汁 60ml／君度橙酒 10ml／紅酒 30ml

將 所有材料和冰塊加入雪克杯，搖盪完成後利用漏斗倒入預先冰鎮的小鳥造型杯即完成。

為動人的你獻上這一杯

熱帶黑醋栗柳橙

家常 MEMO

這杯雞尾酒改編自黑醋栗柳橙和葡萄酒酷樂。Bird 在俚語中也指稱「有魅力的女性」，因此使用小鳥造型的杯子。這是一杯獻給成熟女性的雞尾酒。

051

Master ── 原創雞尾酒

大人的哈密瓜蘇打

輕　甜　餐後

〔材料〕
蜜多麗 30ml ／君度橙酒 10ml ／
香蕉利口酒 10ml ／
薑汁汽水 UP ／冰淇淋／
鮮奶油／薄荷

將 蜜多麗（哈密瓜利口酒）、君度橙酒、香蕉利口酒混合均勻，然後加入薑汁汽水，輕輕攪拌。最後堆上冰淇淋和鮮奶油，並用水果和小陽傘裝飾即完成。

家常 MEMO

簡單來說，這是一杯含酒精的哈密瓜蘇打。當初設計這杯的目的是希望讓客人感到驚喜。照片可能看不出來，實際上它非常大杯，很多客人會點這杯代替生日蛋糕。希望大家能喝著這杯酒開心慶祝。

大人喝哈密瓜蘇打有什麼不可以？

鳳梨、鳳梨，還是鳳梨！

PPAP

`輕`　`甜`　`餐後`

〔材料〕
鳳梨利口酒 30ml ／
YOGURINA 優格飲 10ml ／
綠香蕉利口酒 10ml ／
鳳梨汁 120ml

將 鳳梨利口酒、YOGURINA 優格飲、綠香蕉利口酒混合均勻，然後加入鳳梨汁和碎冰。依喜好裝飾草莓或橘子片即完成。

家常 MEMO

這杯雞尾酒的靈感來自照片上那特殊的鳳梨造型杯，概念是希望客人充分享受鳳梨的風味。味道充滿熱帶水果風情，酒精濃度也不高，又甜又順口，不常喝雞尾酒的人也會覺得好喝。

053

Master — 原創雞尾酒

普通　清甜　餐後

〔材料〕
HQ 漩渦香甜酒 30ml ／君度橙酒 15ml ／檸檬汁 10ml ／藍柑橘利口酒 1tsp

將藍柑橘利口酒倒入玻璃杯，加入碎冰。然後將 HQ 漩渦香甜酒、君度橙酒、檸檬汁加入雪克杯，搖盪過後倒入玻璃杯。

什麼！你說珠寶也能喝？

玉（Jade）

家常 MEMO

我想表現玉那種不算深也不算淺的絕妙藍色外觀，所以創作了這杯雞尾酒。後來我才知道真正的玉並不是藍色的，不過這杯雞尾酒都已經問世了，而且很多客人也很喜歡這杯酒美麗的外觀和味道，於是我決定保留這個名稱，算是背景有點複雜的一杯酒。

西瓜&奇異果

集合吧！愛吃水果的好朋友！

家常 MEMO

每喝一口都能感受到濃郁的奇異果風味。奇異果的酸味與果汁的甜味取得了平衡。西瓜搭配奇異果本來就不錯，加上芒果汁更能襯托出彼此的風味。

普通　甜　餐後

〔材料〕
西瓜利口酒 30ml／
濃縮西瓜糖漿 5ml／
奇異果 1顆／芒果汁 60ml

將 切成適當大小的奇異果、西瓜利口酒、西瓜糖漿、芒果汁與冰塊一起加入雪克杯，充分搖盪。然後連同冰塊一起倒入杯中，最後放上奇異果裝飾即完成。

055

Master — 原創雞尾酒

德古拉
現身吧，最恐怖的雞尾酒

> 家常 MEMO
>
> 土耳其茴香酒搭配可爾必思糟糕透頂，無論餐前、餐後還是任何時候都不適合喝。恐怕只有心情亂七八糟的時候適合喝這杯酒了。沉在杯底的紅石榴糖漿象徵血液。由於這杯酒很難喝，喝下去可能會有被德古拉吸了血的感覺（笑）。想挑戰看看自己膽子有多大的人不妨試試看。

`超重`　`難喝`　`一`

〔材料〕
土耳其茴香酒（YENI RAKI）60ml／可爾必思 15ml／
紅石榴糖漿 10ml

倒入紅石榴糖漿，再倒入土耳其茴香酒和可爾必思（不攪拌，讓紅石榴糖漿沉在杯底）。最後煙燻一下，再蓋上骷髏頭造型杯蓋增加氣氛。

原諒（Forgiven）

好喝難喝只有一線之隔？

(普通)　(甜)　(不限)

〔材料〕
難喝的威士忌 30ml ／全蛋 1 顆／
萊姆汁 10ml ／萊姆啤酒少量／
原諒糖漿 20ml

將 所有材料用果汁機打勻，然後用濾網過濾，過濾後的液體倒入雪克杯，搖盪後倒入裝了冰塊的古典杯。

家常 MEMO

我和傳奇調酒師新井洋史（酒類YouTuber、BOLS 世界調酒大賽第 2 名）在某次合作拍攝 YouTube 的企劃時，故意帶了一瓶很難喝的威士忌，請這位世界調酒大賽第二名的調酒師用難喝的威士忌變出一杯好喝的東西，而他真的即興調出了這杯非常美味的雞尾酒。因此這杯酒命名為「Forgiven」，也就是「原諒」的意思，象徵這瓶難喝的威士忌因為這杯酒而被原諒了。

057

Master —— 原創雞尾酒

伊斯巴翁（Ispahan）

這杯酒就是雞尾酒界的遊樂園！

普通　甜　不限

〔材料〕
APHRODITE 利口酒 20ml／
DITA 荔枝利口酒 20ml／葡萄柚汁 60ml／
綜合覆盆子果泥 10ml

將所有材料與冰塊加入雪克杯搖盪，重點是輕輕搖盪。搖勻後倒入裝了玫瑰造型冰塊的古典杯即完成。

家常 MEMO

這杯酒是 Bar「貓又屋」新井洋史先生的創作，使用了他監製的 APHRODITE 利口酒。不僅味道不錯，外觀也充滿趣味，將冰塊做成花朵的造型，還利用不同顏色的燈光增添視覺變化。

家常 MEMO

將橘子皮乾燥後與瀨戶內海的鹽巴一起放入攪拌機攪打，就能做出橘子鹽。這杯酒可以品嚐到橘子的風味，比用一般龍舌蘭調出來的味道更順口一些。希望大家也能好好品嘗一下橘子鹽的味道。

橘子瑪格麗特

橘子鹽點綴！敲順口、敲好喝！

| 重 | 清爽 | 不限 |

〔材料〕
自製橘子龍舌蘭 30ml／
君度橙酒 15ml／
大島產新鮮檸檬汁 15ml／
鹽口雪花杯

杯口沾上橘子鹽，做成鹽口雪花杯。將橘子龍舌蘭、君度橙酒、新鮮檸檬汁搖盪後倒入玻璃杯。

Master — 原創雞尾酒

家常 MEMO
一般來說,琴蕾是口感偏烈的雞尾酒,但我用的萊姆來自大島(我曾經當漁夫的地方),並加入稍甜的昆布糖漿,做成比較清爽的口味。昆布含有鮮味成分,讓這杯酒喝起來十分美味。

`重` `清爽` `不限`

〔材料〕
自製橘子皮琴酒 30ml／
大島產新鮮萊姆汁 15ml／
大島產昆布糖漿 15ml

將 將橘子皮琴酒、萊姆汁、昆布糖漿加入雪克杯,搖盪過後倒入杯中。

不是只有做菜時能運用昆布的鮮味

大島琴蕾

無可原諒
(Unforgiven)

> 你願不願意救一個大渾蛋？

`重` `難喝` `厭倦人生的時候`

〔材料〕
苦艾酒 60ml／
LEMON HART 151 度蘭姆酒 15ml／
紅石榴糖漿 10ml

杯中裝入碎冰，按順序倒入苦艾酒（absinthe）
→蘭姆酒→紅石榴糖漿，不攪拌，直接端上桌。

家常 MEMO
由於新井先生做出了「原諒」（P.57）這杯厲害的雞尾酒，所以我反其道而行，做了這杯絕對不可原諒的酒。新井先生的手藝讓我無地自容，我為了警惕自己，於是做了這杯酒。由於我是故意將一堆不好喝的材料加在一起，所以我也沒放在店裡的酒單上。

061

Master — 原創雞尾酒

家常 MEMO

這是 Bar 貓又屋的新井先生設計的酒譜,選用「黑蛇」(Blackadder)裝瓶商推出的煙燻風味威士忌。這款威士忌風味很強烈,但新井先生運用理論與技術調出完美的平衡,是一杯分量與攪拌方式都堪稱完美的「神之威士忌蘇打」。

> 這完美的風味平衡!簡直是神的酒譜

貓威蘇(Neko Highball)

普通　俐落　不限

〔材料〕
黑蛇威士忌 30ml／蘇打水 60ml

將黑蛇威士忌倒入裝了冰塊的玻璃杯,加入蘇打水,輕輕攪拌。

One Love England

| 輕 | 甜 | 不限 |

〔材料〕
黑醋栗利口酒 30ml ／
可爾必思 10ml ／紅石榴糖漿 10ml ／
蔓越莓汁 60ml ／

將 黑醋栗利口酒、可爾必思、紅石榴糖漿、蔓越莓汁加入雪克杯，搖盪後用漏斗倒入愛心造型杯。

向英格蘭隊致敬的推薦雞尾酒

家常 MEMO

「One Love England」是英國（英格蘭）足球隊的暱稱。英國隊的制服是紅白色，所以我用黑醋栗利口酒和蔓越莓汁表現紅色，用可爾必思表現白色。將紅白兩色融合之後，再用可愛的玻璃杯端上桌。

Master ─ 原創雞尾酒

來島藍天

家常 MEMO

大島的「吉海玫瑰公園」是島上居民的驕傲，園裡種滿了玫瑰。這杯雞尾酒取該公園的意象，選用了玫瑰造型杯。碧海藍天是大島的魅力之一，所以我也在雞尾酒中表現了這些元素。

世上真的存在「藍色玫瑰」

`普通`　`清爽`　`不限`

〔材料〕
自製檸檬酒 20ml ／藍柑橘利口酒 20ml ／
昆布糖漿 5ml ／通寧水 120ml

將 檸檬酒、藍柑橘利口酒、昆布糖漿加入雪克杯，搖盪後倒入玫瑰造型杯，再慢慢加入通寧水即完成。

世界第二的琴通寧

拿捏好「分量」就能施展美味魔法

`普通` `清爽` `不限`

〔材料〕
高登倫敦乾口琴酒（Gordon's）30ml／
通寧水 90ml／氣泡水 30ml／萊姆

萊姆劃上幾刀，果皮朝下將果汁擠入裝了冰塊的玻璃杯。倒入琴酒，接著加入通寧水，再加氣泡水補滿杯子，用吧匙輕輕提起冰塊即完成。榨完汁的萊姆也可以放入杯中。

家常 MEMO

這也是 Bar 貓又屋新井先生親自傳授的酒譜。他說只用通寧水會太甜，所以最後再加入氣泡水，增加清爽感。琴酒、通寧水、氣泡水的比例是 1:3:1，聽說這個比例也是他鑽研許久的結論，而這樣調出來的琴通寧美味無比。這杯酒也讓我大受震撼，原來只要改變比例，味道就會差這麼多！

065

Master ─ 原創雞尾酒

草莓與馬斯卡彭起司的液態氮雞尾酒

用液態氮冰封住美味

家常 MEMO

位於香川縣有一家叫「Bar&Flair Recommend」的酒吧，裡面有位調酒師是我朋友。他們做液態氮雞尾酒已經有十年了。我原本以為這只是一種噱頭，直到有一次去觀摩，發現這種方式調出來的酒味道非常好，所以我在自己的店裡也開始使用液態氮調酒。液態氮雞尾酒與霜凍雞尾酒不同，融化之後味道不會變淡，從頭到尾都能享受到一致的美味。

普通　甜　餐後

〔材料〕
琴酒 20ml／自製草莓糖漿 15ml／無農藥檸檬汁 5ml／牛奶 30ml／馬斯卡彭起司 30g／草莓 6 顆

將琴酒、草莓糖漿、檸檬汁、牛奶、馬斯卡彭起司、草莓加入果汁機攪拌。再倒入適量液態氮凍結，最後裝飾一下即完成。

家常 MEMO

> 我非常喜歡奇異果,所以打算製作一款可以好好品嘗奇異果的飲品。許多甜點類雞尾酒的味道都很甜,而我希望味道清爽一點,因此選擇使用奇異果搭配葡萄柚。只用水果的話,風味會有點單薄,所以我還加了自製糖漿。

奇異果風味的強勁雞尾酒

奇異果與葡萄柚的液態氮雞尾酒

`普通`　`清爽`　`餐後`

〔材料〕
伏特加 20ml ／自製奇異果糖漿 10ml ／
自製葡萄柚糖漿 10ml ／君度橙酒 5ml ／
奇異果 1 顆／葡萄柚 1/2 顆

從奇異果上方 3/4 處切開,挖出果肉,將液態氮倒入果皮使果皮結凍。將伏特加、奇異果糖漿、葡萄柚糖漿、君度橙酒、奇異果果肉、半顆葡萄柚搗碎混合,然後加入液態氮冷凍,倒入事先冷凍好的奇異果皮即完成。

Master 鍾愛的雞尾酒 TOP 10

牙買加老喬
（Jamaica Joe）

鍾情排名 第 **10** 名

甜美奶類雞尾酒的無敵王者

`普通`　`甜`　`餐後`

〔材料〕
白色蘭姆酒 20ml／
媞亞瑪麗亞咖啡利口酒 20ml／
蛋酒 20ml／紅石榴糖漿 1tsp

將 白色蘭姆酒、媞亞瑪麗亞咖啡利口酒（Tia Maria）、蛋酒與冰塊一起加入雪克杯，搖盪後倒入玻璃杯。最後讓紅石榴糖漿沿著吧匙緩慢沉入杯底即完成。

家常 MEMO
我在 YouTube 介紹蘭姆酒基底的雞尾酒時，第一次做這杯酒來喝。我原本覺得這種濃稠的奶類雞尾酒怎麼喝都差不多，不過牙買加老喬的味道卻與眾不同。我甚至不顧自己還在拍片，忍不住大口大口喝光，從此就愛上它了。這杯酒甜歸甜，酒感卻很明顯，我非常喜歡。

野牛草通寧
（Żubrówka &Tonic）

鍾情排名 第 **9** 名

我在喝櫻餅嗎？超乎想像的美味

`普通`　`甜`　`不限`

〔材料〕
野牛草伏特加 30ml／通寧水適量／檸檬

將 野牛草伏特加倒入裝了冰塊的玻璃杯，接著避開冰塊加入通寧水，輕輕攪拌。最後擠入檸檬汁即完成。

家常 MEMO
我喜歡喝琴通寧，剛開始當調酒師時跑了好幾間酒吧品嘗每間店調出來的琴通寧。有一天聽一位調酒師說有支酒叫野牛草伏特加，聞起來很像「櫻餅」（日本的一種甜點）。我一聞，還真的是櫻餅的味道。調酒師推薦我加蘇打水喝，實際一喝，確實好喝得遠遠超乎想像。野牛草伏特加一瓶的價格也不貴，簡直是我貧窮時代的救星（笑）。

068

野格炸彈（Jager Bomb）

鍾情排名 第**8**名

告訴你一個炸散「憂鬱」的酒譜

普通　　甜　　不限

〔材料〕
野格利口酒 30ml／紅牛

將 野格利口酒倒入裝了冰塊的玻璃杯，依喜好倒入適量的紅牛，輕輕攪拌。

家常 MEMO

我住在國外時，有一天晚上犯了思鄉病，不太想睡覺，於是我喝了一杯野格利口酒才上床。結果第二天早上整個人神清氣爽，我便從此喜歡上了野格。回國後，正好紅牛開始進入日本市場，我第一次喝紅牛時的震撼程度不亞於第一次喝到可樂。我以前喝野格只是為了提神，好不好喝是其次，沒想到和紅牛搭配起來這麼棒，我也從此迷上了這杯雞尾酒。

南方安逸萊姆一口酒（SoCo Lime Shot）

鍾情排名 第**7**名

酸甜滋味百分百

普通　　甜　　不限

補充小知識

野格利口酒是用了茴香、甘草等超過五十種藥草製成的德國利口酒。

〔材料〕
南方安逸利口酒 30ml／萊姆汁 15ml

將 萊姆汁和南方安逸利口酒（Southern Comfort，簡稱 SoCo）加入裝了冰塊的雪克杯，搖盪後倒入一口杯即完成。

家常 MEMO

年輕時，我常和朋友拿龍舌蘭拚酒，幾乎從來沒輸過。我們會將 13 杯一口杯裝的龍舌蘭一字排開，各自從兩端開始喝，誰先喝到中間那杯大約 80ml 的龍舌蘭者就贏了。就在那段令我對龍舌蘭感到厭倦的日子裡，我遇見了這杯南方安逸萊姆一口酒。我當時覺得一口酒要麼很甜，要麼很烈，但這杯酒卻好喝得令人大吃一驚，拯救了我成天拚酒而疲憊的心靈，是一杯帶著青春滋味的雞尾酒。

069

Master 鍾愛的雞尾酒 TOP 10

紐約起司蛋糕
（New York Cheesecake）

鍾情排名 第 **6** 名

`偏輕`　`甜`　`餐後`

超越原版的滋味!?　甜點飲品的第二把手

〔材料〕
紐約起司蛋糕混合物 100g ／檸檬汁 1tsp ／
碎冰 1/2cup ／芝麻餅乾

【紐約起司蛋糕混合物的製作方法】將奶油餅乾利口酒、杏仁利口酒、白可可利口酒、牛奶、鮮奶油、奶油乳酪、蛋黃、砂糖、檸檬汁、格力高 Bisco 綜合乳酸菌夾心餅 混合，過濾後冷凍保存。

將 材料加入果汁機攪打混合，倒入外層沾滿草莓粉的雪莉酒杯，最後用芝麻餅乾裝飾即完成。

> 家常 MEMO
> 我是在京都的酒吧「BEE'SKNEES」初次喝到這杯雞尾酒。這間酒吧曾獲多次亞洲 50 大酒吧的獎項，而這杯酒也是好喝到讓人腿軟。我本來就愛吃起司蛋糕，所以對這杯酒的感想就只有美味得無話可說。我也喝過味道類似千層酥或起司蛋糕的雞尾酒，不過這杯雞尾酒的味道完全超越了原本的紐約起司蛋糕。

奇異果馬丁尼
（Kiwi Martini）

`普通`　`甜`　`不限`

〔材料〕
琴酒 45ml ／君度橙酒 1tsp ／
糖漿 1tsp ／奇異果 1/2 顆

將 奇異果搗碎後加入雪克杯，再加入琴酒、君度橙酒、糖漿、冰塊。搖盪後將雪克杯打開，杯身蓋上隔冰器，將酒液倒入杯中。最後用奇異果片裝飾即完成。

鍾情排名 第 **5** 名

契合度滿分　充分享受奇異果風味

> 家常 MEMO
> 奇異果是我最喜歡的水果。酒吧提供的奇異果雞尾酒通常會用伏特加調製，但有一次我在一間酒吧喝到以琴酒為基底的奇異果馬丁尼，發現琴酒的辛辣感與奇異果的甜美非常契合，不禁覺得這才是雞尾酒，便一試成主顧。奇異果有很多品種，甜度和軟硬度都不一樣，因此能夠展現出調酒師挑水果的眼光。

070

莫西多（Mojito）

鍾情排名 第 **4** 名

簡單卻又深奧！反映個人特色的雞尾酒

`普通`　`清爽`　`不限`

〔材料〕
白色蘭姆酒 45ml ／蘇打水適量／砂糖 1tsp ／
萊姆 1/2 顆／薄荷適量

先將萊姆汁擠入杯中，然後連皮一起投入。加入薄荷和砂糖，將薄荷搗碎，同時讓砂糖溶解。加入碎冰，倒入蘭姆酒，再用蘇打水補滿杯子後攪拌。放上薄荷葉裝飾，插入吸管即完成。

家常 MEMO

我原本很討厭薄荷，甚至連甜點上放的薄荷葉也不能接受，因為會沾到味道。所以我以前總是心想誰要喝莫西多這種東西？直到我在酒吧喝到，大受震撼。莫西多的味道可以藉由更換蘭姆酒或砂糖的種類來改變，這個部分相當深奧，可以體現調酒師的個性，所以建議大家一定要到酒吧點來喝喝看。我自己會在喝得爛醉的時候點一杯來醒腦一下（笑）。

咖啡馬丁尼
（Espresso Martini）

鍾情排名 第 **3** 名

不敢喝咖啡的人更要試試

補充小知識：無論什麼樣的雞尾酒，只要是裝在馬丁尼杯裡面，都稱作○○馬丁尼。

`普通`　`苦甜`　`餐後`

〔材料〕
伏特加 20ml ／卡魯哇咖啡利口酒 20ml ／
義式濃縮咖啡 20ml ／砂糖 1tsp

將伏特加、卡魯哇咖啡利口酒、濃縮咖啡、砂糖加入雪克杯，搖盪後倒入玻璃杯。最後表面放上咖啡豆即完成。

家常 MEMO

其實我不喜歡喝咖啡，還一度以為喝咖啡的人都在忍耐那種苦味（笑）。我就是這麼不懂咖啡的好，直到有一次喝了咖啡馬丁尼才徹底改觀，心想怎麼有這麼好喝的雞尾酒。義式濃縮咖啡的品質會影響這杯酒的味道，因此我經常到不同酒吧點這杯酒來喝。感謝咖啡馬丁尼，讓我從此之後也敢喝咖啡了。

071

Master 鍾愛的雞尾酒 TOP 10

鍾情排名 第2名

這杯酒就是熱帶雞尾酒王者

秘密戀情（Secret Love）

普通　　甜　　餐後

〔材料〕
白色蘭姆酒 30ml ／香蕉利口酒 30ml ／
蜜多麗 30ml ／鳳梨汁 30ml ／
可爾必思 10ml ／
紅櫻桃、綠櫻桃、香蕉、花等裝飾物

將 冰塊、白色蘭姆酒、香蕉利口酒、蜜多麗、鳳梨汁、可爾必思加入雪克杯，搖盪過後倒入裝了碎冰的玻璃杯，放上裝飾即完成。

家常 MEMO

這杯酒是 1983 年三得利熱帶雞尾酒大賽的冠軍作品。我本來沒喝過，是有次拍攝 YouTube 的蘭姆酒雞尾酒企劃時自己調來喝，才驚訝怎麼這麼好喝。我的口味比較像小孩子，喜歡甜甜的東西，這完全對到我的胃口。而且這杯酒很容易推薦客人點點看，對調酒師來說也挺方便的（笑）。

柯夢波丹（Cosmopolitan）

普通　　又甜又烈　　不限

〔材料〕
伏特加 30ml ／君度橙酒 10ml ／
蔓越莓汁 10ml ／
萊姆汁 10ml

將 伏特加、君度橙酒、蔓越莓汁、萊姆汁與冰塊一起加入雪克杯，搖盪後倒入玻璃杯。

鍾情排名 第1名

順口程度是「IWGP世界*」級

＊摔角比賽頭銜

家常 MEMO

我以前沒辦法喝太烈的酒，通常只喝琴通寧或黑醋栗柳橙，但我一直希望有一天能端著馬丁尼杯喝酒，後來調酒師推薦我喝喝看柯夢波丹。我喝了之後十分吃驚：「世上竟然有這麼好喝的雞尾酒！」而且每位調酒師選用的伏特加都不一樣，從此我也慢慢喝得出不同酒譜的味道差異了。這杯雞尾酒讓我體會到了調酒的樂趣，所以我現在不管上哪間酒吧都會點一杯柯夢波丹。

072

Chapter

3

1 分鐘內調好一杯酒！
兩三下搞定的直調法

直調法雞尾酒的做法很簡單，
就是直接將材料加入杯中調製。
本章會介紹新手也能輕鬆調出來的雞尾酒。

直調法 雞尾酒／琴酒 基底

琴通寧（Gin & Tonic）

`普通` `清爽` `不限`

〔材料〕
琴酒 30ml ／通寧水 120ml ／萊姆

在萊姆的果肉部分劃上幾刀後將果汁擠入杯中。加入冰塊和琴酒，避開冰塊倒入通寧水，輕輕攪拌 1 圈半左右。擠完果汁的萊姆可以直接投入杯中，也可以只放入果皮。

> 日本最多人喝的經典！萊姆什麼時候擠？

家常 MEMO
琴通寧是日本最多人喝的雞尾酒。如果打算吃飯時配著喝，建議**先擠萊姆汁**，整體味道會比較平衡。如果是**用完餐後想清清嘴裡的味道，可以最後再擠萊姆**，這樣喝的時候就會先感受到萊姆的刺激感。

琴霸克（Gin Buck）

`普通` `清爽` `不限`

〔材料〕
琴酒 30ml ／薑汁汽水 120ml ／檸檬

在檸檬的果肉部分劃上幾刀後將果汁擠入杯中。放入冰塊後加入琴酒，再避開冰塊倒入薑汁汽水，輕輕攪拌 1 圈半左右即可。

> 從四次元湧現的琴酒香氣

家常 MEMO
琴霸克就是琴酒兌薑汁汽水，和琴通寧一樣是許多日本人喜歡的經典調酒。說到用薑汁汽水調製的雞尾酒，最受歡迎的莫過於莫斯科騾子。但如果你喜歡琴酒的香氣，我建議試試看這杯琴霸克。

074

琴瑞奇（Gin Rickey）

普通　超清爽　不限

〔材料〕
琴酒 45ml ／萊姆 1/2 顆／蘇打水 120ml

將萊姆切半，拿吧叉匙在果肉上戳洞，用榨汁器輕輕榨汁，然後將連皮帶汁一起加入杯中。裝入冰塊，依序倒入琴酒、蘇打水，輕輕攪拌。

> 家常 MEMO
>
> 琴瑞奇又稱「客人自己調的雞尾酒」，因為可以根據擠壓萊姆的方式來改變味道。我習慣將萊姆擠得徹底一點。這杯雞尾酒很順口，不會影響味蕾，適合喝酒喝到一半想休息一下的時候喝。由於味道清爽，建議餐後飲用，不過夏天當作第一杯清涼一下也不錯。

暢快度MAX 夏天第一杯就點這杯？

琴萊姆（Gim Lime）

重　俐落　餐後

〔材料〕
琴酒 45ml ／萊姆 15ml

將冰塊裝入杯中，倒入琴酒，再加入萊姆汁，輕輕攪拌即可。

> 家常 MEMO
>
> 這杯酒只是琴酒加冰再擠入萊姆汁，因此**不太習慣喝酒的人可能會覺得很烈**。有些酒吧會用自己製作的萊姆糖漿調製這一杯，但比較便宜的酒吧可能會使用市售那種很甜的萊姆糖漿，如果是後者的狀況，喝起來可能會覺得一言難盡。

就像壽司店的窩斑鰶 可以參透一間店的風格？

補充小知識　攪拌時為避免氣泡散失，吧匙只要由下往上提起一次即可。

075

直調法 雞尾酒／琴酒 基底

內格羅尼（Negroni）

〔重〕〔俐落〕〔食前〕

〔材料〕
琴酒 30ml ／金巴利 30ml ／
甜香艾酒 30ml ／柳橙片

杯中裝入冰塊，依照你想強調味道的順序加入酒（琴酒、金巴利、甜香艾酒），攪拌均勻。最後放入柳橙片即完成。

> 這杯酒會告訴你「愛情的一切」

家常 MEMO
金巴利是一種餐前酒，義大利人通常會在餐前飲用。調這杯酒的重點是**按照你想強調味道的順序加酒**。如果順序是琴酒→甜香艾酒→金巴利，就會先感受到琴酒的香氣。雖然我將這杯酒歸類為直調法，但也有很多人會使用攪拌法來調製。

琴與義（Gin & It）

〔重〕〔又甜又烈〕〔餐後〕

〔材料〕
琴酒 30ml ／甜香艾酒 30ml

將琴酒和甜香艾酒倒入杯中。傳統做法是**不攪拌，直接在杯中混合後飲用**。

> 長驅直入的甜美

家常 MEMO
據說這杯雞尾酒是馬丁尼的前身。因為這杯酒是在沒有製冰機的時代誕生的，所以調製時不加冰塊。當時的琴酒含糖，味道比較甜，與甜香艾酒混合後的味道會非常甜。如果想要更貼近傳統，可以使用老湯姆琴酒調製。

海灣微風（Gulf Breeze）

> 普通　　清爽　　不限

〔材料〕
琴酒 40ml ／蔓越莓汁 60ml ／
葡萄柚汁 60ml

將 琴酒倒入裝了冰塊的玻璃杯，再加入蔓越莓汁和葡萄柚汁，攪拌均勻。最後放入檸檬。

家常 MEMO

這杯是「微風」（Breeze）系列的雞尾酒，其中最知名的是以伏特加為基底的「海洋微風」（Sea Breeze），基酒換成琴酒後就成了這杯海灣微風。如果只有葡萄柚汁，味道會太清淡，只用蔓越莓汁又會太甜膩，兩者結合**則能完美截長補短**，簡直是絕佳拍檔。

絕佳拍檔 在此登場！

狗鼻子（Dog's Nose）

> 普通　　苦醇　　不限

〔材料〕
琴酒 45ml ／黑啤酒適量

將 琴酒倒入玻璃杯，再倒入黑啤酒（或任何喜歡的啤酒）。吧匙由下往上輕提，輕輕攪拌。

家常 MEMO

只喝啤酒沒什麼酒精感，但加入琴酒後口感就會變得很強勁。**黑啤酒和琴酒意外地合拍**。琴酒可以讓黑啤酒的風味更集中，我個人相當喜愛這杯雞尾酒。

琴酒的香氣讓黑啤酒風味更集中

補充小知識：在蒸餾技術尚未完全普及的時代，人們會在琴酒中加入大量砂糖以掩飾粗劣的味道。

077

直調法
雞尾酒／琴酒 基底

忍者龜（Ninja Turtle）

`普通` `清爽` `不限`

〔材料〕
琴酒 45ml ／藍柑橘利口酒 15ml ／柳橙汁 120ml

將 琴酒、柳橙汁、藍柑橘利口酒倒入裝了冰塊的玻璃杯，攪拌均勻。

> 突然變異的化學感綠色

家常 MEMO
這杯雞尾酒是花式調酒比賽中常見的題目。琴酒與柳橙汁的搭配很經典，再加入藍柑橘利口酒後就會變成綠色，名稱裡面的「龜」字就是這麼來的。

血腥山姆（Bloody Sam）

`普通` `俐落` `不限`

〔材料〕
琴酒 45ml ／番茄汁 120ml ／檸檬 1tsp

將 琴酒加入裝了冰塊的玻璃杯，再加入番茄汁並攪拌。

> 了解 TOMATO 的深奧之處

家常 MEMO
這是知名雞尾酒「血腥瑪麗」的變化版。血腥瑪麗是一種「可以吃的雞尾酒」，可以加入塔巴斯科辣椒醬、伍斯特醬、黑胡椒、芹菜來調味。如果自己榨番茄汁，請注意每顆番茄味道的落差。如果使用含蛤蜊風味精華的「Clamato」番茄汁會更加美味。

格雷伊獵犬（Greyhound）

`普通`　`清爽`　`不限`

〔材料〕
伏特加 45ml ／葡萄柚汁 120ml

將 伏特加倒入裝了冰塊的玻璃杯中，再加入葡萄柚汁，輕輕攪拌。

> **家常 MEMO**
> 這杯雞尾酒還有一個名字叫做「鬥牛犬（Bulldog）」。格雷伊獵犬的味道好壞完全**取決於葡萄柚汁，使用現榨或市售的果汁會有不一樣的印象**。這是一杯不擅長喝酒的人也能輕鬆享用的雞尾酒，非常適合入門新手第一次上酒吧時點來喝。

第一次喝雞尾酒？那這杯一定適合你

鹹狗（Salty Dog）

`普通`　`清爽`　`不限`

〔材料〕
伏特加 45ml ／葡萄柚汁 120ml ／
鹽口雪花杯

製 作雪花杯（杯口沾上鹽巴或砂糖的調酒手法）。杯口沾好鹽巴後，再裝入冰塊，接著加入伏特加和葡萄柚汁，輕輕攪拌。

> **家常 MEMO**
> 這杯雞尾酒的名稱源自英國俚語，意思是「船員」，形容船員**工作得滿身是汗、結滿鹽巴的樣子**。基於這個由來，我認為沾鹽巴的方式應該粗獷一點，不要太細膩。鹽的種類也是每個調酒師講究的地方，像我是用瀨戶內海產的鹽，並且自行調配比例。

「粗獷的鹽口」才是主流

直調法 雞尾酒／**伏特加** 基底

> **補充小知識**
> 考量到有些人不喜歡鹽巴，杯口的鹽巴也可以只沾半圈，即半月型（half moon）雪花杯。

079

直調法 雞尾酒／伏特加 基底

你在尋找「聊天的朋友」嗎？

教母（Godmother）

`重` `甜` `餐後`

〔材料〕
伏特加 45ml ／杏仁利口酒 15ml

將 伏特加和杏仁利口酒倒入裝了冰塊的古典杯，攪拌均勻。

> 家常 MEMO
> 從名稱也可以猜到，這杯雞尾酒是「教父」的變化版。覺得伏特加加冰喝起來太烈的人，可以試試這杯加了杏仁利口酒，多了甜味的喝法。這杯酒適合餐後邊喝邊聊天，慢慢享受味道。

螺絲起子（Screwdriver）

`普通` `清爽` `不限`

〔材料〕
伏特加 45ml ／柳橙汁 120ml

在 長杯中裝入冰塊，加入伏特加和柳橙汁，然後輕輕攪拌。最後放入一片柳橙即完成調製。

在這杯酒裡面看見柳橙汁「迷人的一面」

> 家常 MEMO
> 據說這杯雞尾酒最早是 1940 年代在伊朗油田工作的美國工人拿來解渴的調飲。由於工人是用螺絲起子攪拌酒，所以這杯酒便命名為螺絲起子。

哈維撞牆
（Harvey Wallbanger）

`有點重` `清爽` `不限`

〔材料〕
伏特加 45ml ／柳橙汁 120ml ／加利安諾 1tsp

將 伏特加、柳橙汁加入裝了冰塊的玻璃杯，再加入 1tsp 加利安諾，輕輕攪拌。

> 想不想爽朗地買醉一下？

家常 MEMO
據說曾有一位比賽失利的衝浪者，自暴自棄喝了這杯酒之後酩酊大醉，還不停槌打著門，於是這杯酒才取了個「撞牆」的名稱。加利安諾是一種含茴香與草植物風味的利口酒，光是多了這一項材料，味道就與「螺絲起子」截然不同。

鱈魚角（Cape Cod）

`普通` `清爽` `不限`

〔材料〕
伏特加 45ml ／蔓越莓汁 120ml

將 伏特加與蔓越莓汁倒入裝了冰塊的玻璃杯，輕輕攪拌。

> 海邊小鎮的感傷情懷融入杯中

家常 MEMO
這杯雞尾酒在美國非常流行，幾乎每一家餐廳的菜單上都看得到，甚至比鹹狗更廣為人知。不過，點這杯酒的人幾乎百分之百是女性，沒有男性。這杯酒的名字來自美國麻薩諸塞州的知名蔓越莓產地「鱈魚角」。

補充小知識　教母使用的「杏仁利口酒」是用杏桃核做成的利口酒。

081

直調法 雞尾酒／琴酒 基底

黑色俄羅斯
（Black Russian）

`偏重`　`甜`　`餐後`

〔材料〕
伏特加 40ml ／咖啡利口酒 20ml

將伏特加與咖啡利口酒倒入裝了冰塊的玻璃杯，攪拌均勻。

晚餐後的黑色傑作

家常 MEMO
純飲伏特加舌頭會麻麻的，咖啡利口酒直接喝又太甜，兩者搭在一起則恰到好處。咖啡利口酒兌水的話，味道會被稀釋；搭配伏特加則能確保酒精濃度，同時抑制甜味。至於選用什麼樣的咖啡利口酒，全看調酒師的功力。

白色俄羅斯
（White Russian）

`普通`　`超甜`　`餐後`

〔材料〕
伏特加 40ml ／咖啡利口酒 20ml ／
鮮奶油 20ml

將伏特加與咖啡利口酒加入裝了冰塊的玻璃杯，攪拌均勻，最後再加入鮮奶油。有些人也會用奶油槍將某些液體做成類似打發鮮奶油的狀態擠在上面。

自行劃清黑白是非

家常 MEMO
一般雞尾酒應該攪拌均勻後再端給客人，但這杯酒一旦攪拌，顏色就會變得沒那麼好看，所以我會維持分層的狀態，直接端上桌。欣賞完外觀後，喝之前再依喜好自行攪拌混合。也可以不攪拌，想像自己在嘴裡完成調酒的感覺。

082

血腥瑪麗（Bloody Mary）

　普通　　　俐落　　　不限

〔材料〕
伏特加 45ml ／檸檬汁 5ml ／
番茄汁 120ml

將 冰塊、伏特加、現榨檸檬汁、番茄汁加入杯中，攪拌均勻。可依個人喜好添加塔巴斯科辣椒醬和芹菜等其他調味材料。

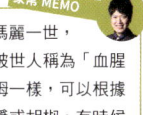

家常 MEMO
這杯酒的名稱來自英國女王瑪麗一世，她因為大規模處決新教徒而被世人稱為「血腥瑪麗」。血腥瑪麗與血腥山姆一樣，可以根據客人口味添加塔巴斯科辣椒醬或胡椒。有時候為了體現這杯酒的名稱，還會使用高濃度的伏特加，刻意調出一杯讓人喝醉的雞尾酒。

醉倒在殘酷女王的腳下

莫斯科騾子
（Moscow Mule）

　普通　　　清爽　　　不限

〔材料〕
伏特加 45ml ／萊姆汁 15ml ／
薑汁啤酒 120ml ／萊姆

銅 杯裝入冰塊，加入伏特加、薑汁啤酒、現榨萊姆汁，攪拌均勻。

用「銅杯」喝才上道

家常 MEMO
這杯酒之所以用銅杯裝而非玻璃杯，原因眾說紛紜。最知名的說法是當初有一位賣伏特加的商人、一位推銷薑汁啤酒的酒保以及一位賣銅杯的商人共同想出的點子。雖然在居酒屋點這杯，端上來的可能是玻璃杯，**但用銅杯喝才是正宗的喝法。**

補充小知識：雖然卡魯哇是最常見的咖啡利口酒，不過現在市面上有很多品牌，各位可以選擇自己喜歡的產品！

083

直調法 雞尾酒／**蘭姆酒** 基底

繼續歌頌自由吧

自由古巴（Cuba Libre）

`普通` `甜` `不限`

〔材料〕
白色蘭姆酒 45ml ／萊姆汁 10ml ／
可樂 120ml ／萊姆角

將蘭姆酒、萊姆汁、可樂倒入裝了冰塊的玻璃杯，輕輕攪拌。最後再擠一點萊姆。※萊姆角的部分和琴通寧一樣，擠完後可以投入杯中。

家常 MEMO

這杯雞尾酒的名字來自第二次古巴獨立戰爭時的口號「VivaCubaLibre」，意思是「自由古巴萬歲」。這杯酒用哈瓦那俱樂部 7 年深色蘭姆酒調起來非常好喝。順帶一提，如果用的不是萊姆而是檸檬，則會變成蘭姆可樂（Rum Coke）。

蘭姆＆鳳梨

今晚，就在一片熱帶風情裡酣暢

`普通` `甜` `餐後`

〔材料〕
白色蘭姆酒 45ml ／
鳳梨汁 120ml ／
鳳梨片（乾燥）／薄荷櫻桃

將蘭姆酒和鳳梨汁倒入裝了冰塊的玻璃杯攪拌均勻，最後放入鳳梨片和薄荷櫻桃裝飾即完成。

家常 MEMO

蘭姆酒是來自古巴、牙買加、波多黎各等熱帶國家的蒸餾酒，日本南部的奄美群島也有生產，喝了會讓人情緒高昂。蘭姆酒搭配鳳梨可以享受到熱帶風情，想要輕鬆品嘗熱帶雞尾酒風味時，這杯酒是最佳選擇。蘭姆酒和鳳梨搭起來真的很適合。

熱帶黃金（Tropical Gold）

普通　甜　餐後

〔材料〕
白色蘭姆酒 45ml ／香蕉利口酒 15ml ／
柳橙汁 120ml

最棒的慵懶時刻

將蘭姆酒與香蕉利口酒加入裝了冰塊的玻璃杯，攪拌至充分混合。然後再加入柳橙汁，輕輕攪拌，這樣可以避免冰塊融化得太快，也會混合得更均勻。

家常 MEMO
如果你想要喝比蘭姆＆鳳梨更甜一點的東西，我會推薦這杯酒。如果只有蘭姆酒加柳橙汁，酸味會太明顯，不過蘭姆酒和香蕉的味道很合，所以<u>加入香蕉利口酒可以形成恰到好處的甜味</u>，喝起來也更加順口。

小白臉（Lounge lizard）

普通　超甜　餐後

〔材料〕
深色蘭姆酒 45ml ／
杏仁利口酒 15ml ／可樂 120ml

杯中裝入冰塊，加入蘭姆酒和杏仁利口酒攪拌均勻。最後慢慢倒入可樂，輕輕攪拌。

用蘭姆酒增添酒感、層次、甜度！

家常 MEMO
蘭姆酒與杏仁利口酒十分合拍，搭配起來便成了這杯甜到不行的雞尾酒。雖然杏仁利口酒搭配可樂做成杏仁可樂也很不錯，不過以雞尾酒來說酒感稍嫌薄弱，加入蘭姆酒可以增強酒感，還可以增添味道的深度。

補充小知識：香蕉利口酒本身也帶有微微的香草、杏仁風味。

085

直調法 雞尾酒／蘭姆酒 基底

濕地迷霧（Bog Fog）

普通　清爽　不限

〔材料〕
白色蘭姆酒 45ml／蔓越莓汁 60ml／
柳橙汁 60ml

將蘭姆酒、蔓越莓汁、柳橙汁倒入裝了冰塊的玻璃杯，輕輕攪拌。

蘭姆酒愛好者的終點

家常 MEMO

這杯酒加了蔓越莓汁和柳橙汁，所以平時不習慣喝酒的人也會覺得喝起來很輕鬆。蔓越莓汁和柳橙汁並不會掩蓋掉蘭姆酒的味道，因此喜愛蘭姆酒的人可以藉由這杯雞尾酒更輕易享受蘭姆酒的風味。

向風群島
（Windward Islands）

普通　甜　不限

〔材料〕
金色蘭姆酒 45ml／
媞亞瑪麗亞咖啡利口酒 15ml／
可樂 120ml

將金色蘭姆酒與媞亞瑪麗亞咖啡利口酒充分混合，然後加入可樂，輕輕攪拌。最後還可以放入一塊萊姆。

蘭姆酒與可樂苦澀的共犯關係

家常 MEMO

這杯酒使用了放在木桶裡熟成過的金色蘭姆酒，還有媞亞瑪麗亞這款冷萃咖啡利口酒，味道比卡魯哇可樂更有層次，酒精濃度也更高。由於我店裡沒什麼客人知道這款酒，所以我通常會推薦給喜歡蘭姆可樂、口味比較甜的客人。

岡恰查拉
（Canchánchara）

> 蜂蜜檸檬永遠能讓人打起精神

`普通` `甜` `餐後`

〔材料〕
金色蘭姆酒 45ml ／檸檬汁 15ml ／
蜂蜜 15ml

將 蘭姆酒、檸檬汁、蜂蜜加入杯中攪拌均匀。

家常 MEMO
這是只在古巴千里達（Trinidad）一間餐廳「La Canchánchara」提供的雞尾酒。千里達在獨立戰爭時期發生了不少激烈的戰役，據說當時的士兵會喝這杯加了檸檬和蜂蜜的雞尾酒來提振精神。※ 原本應該使用陶杯裝，但為了拍攝效果改用玻璃杯呈現酒液的透明感。

黑玫瑰（Black Rose）

`重` `甜` `餐後`

〔材料〕
金色蘭姆酒（深色蘭姆酒）45ml ／
冰咖啡 45ml ／
咖啡糖漿 1tsp

將 蘭姆酒與冰咖啡倒入裝滿冰塊的玻璃杯攪拌均匀，最後加入 1tsp 的咖啡糖漿。

> 老饕皆知的「極致美味」

家常 MEMO
雖然沒有人喝白色蘭姆酒時會只加冰塊喝，但金色蘭姆酒經過木桶熟成，加冰飲用也不賴。加入 1tsp 的咖啡糖漿，可以讓金色蘭姆酒的味道更有深度。雖然這杯雞尾酒能充分體現金色蘭姆酒的風味，但從來沒有人向我點過（笑）。

> **補充小知識**
> 日本人不怎麼喝蔓越莓汁，不過美國人可是愛喝得不得了。

087

直調法 雞尾酒／蘭姆酒 基底

> 「人人都能享受的酒」簡直棒呆了吧？

古巴太陽（Sol Cubano）

`普通`　`清爽`　`不限`

〔材料〕
白色蘭姆酒 30ml／
葡萄柚汁 60ml／通寧水 90ml

將 蘭姆酒與葡萄柚汁加入裝了冰塊的玻璃杯中，攪拌均勻，然後慢慢加入通寧水，輕輕攪拌。

家常 MEMO
葡萄柚汁＋通寧水是前面介紹過的黃金公式，調製重點是先混合蘭姆酒和葡萄柚汁，然後再加入通寧水。這杯酒的味道相當親民，我店裡也經常有客人點來喝。順帶一提，將蘭姆酒換成伏特加，就會變成伏特加古巴太陽，喝起來比蘭姆酒版更輕鬆。

熱奶油蘭姆
（Hot Buttered Rum）

`普通`　`甜`　`就寢前`

〔材料〕
深色蘭姆酒 30ml／方糖 1 顆／
奶油 1 小塊／熱水 120ml

將 蘭姆酒與方糖加入杯中，倒入熱水攪拌，最後加入奶油。

家常 MEMO
加入奶油後可以攪拌，不過奶油會自己融化，所以我通常只會輕輕攪拌，希望客人感受奶油入口時的感覺。放一支肉桂棒充當攪拌棒，還可以享受肉桂的香氣。這杯雞尾酒好喝又溫暖，在寒冷的季節，睡前喝一杯可以幫助你睡得更好。

冬天睡前的良伴

惡魔（El Diablo）

`普通` `清甜` `不限`

〔材料〕
龍舌蘭 30ml ／黑醋栗利口酒 15ml ／
萊姆汁 10ml ／萊姆角／薑汁汽水 120ml

將龍舌蘭、黑醋栗利口酒、萊姆汁加入裝了冰塊的玻璃杯中，充分攪拌，然後慢慢加入薑汁汽水，輕輕攪拌1圈半左右。最後擠入萊姆汁（萊姆角）。

> 家常 MEMO
> 如果覺得龍舌蘭霸克很難入口，可以試試這杯酒。由於**多了黑醋栗的甜味，整杯酒喝起來順口許多**。不喜歡喝太甜的人，最後可以擠一些萊姆汁，味道會清爽一些。「ElDiablo」就是惡魔的意思，而這杯酒的顏色也像名字一樣相當兇狠。

「惡魔級好喝」的一杯酒

龍舌蘭日出（TequilaSunrise）

`普通` `有點甜` `不限`

〔材料〕
龍舌蘭 45ml ／柳橙汁 120ml ／
紅石榴糖漿 2tsp

玻璃杯裝入冰塊，加入龍舌蘭和柳橙汁，充分攪拌。最後沿著雞尾酒匙讓紅石榴糖漿沉入杯底。放入柳橙片，再放入吸管即完成。

早安啊！墨西哥的朋友

> 家常 MEMO
> 龍舌蘭日出與瑪格麗特都是代表性的龍舌蘭雞尾酒。**滾石樂團的米克傑格（Mick Jagger）很愛喝這杯酒**，因此這杯酒經過樂迷口耳相傳，變得相當知名。橘色的外觀相當鮮豔，希望能讓人感受到墨西哥的陽光。

直調法 雞尾酒／龍舌蘭 基底

補充小知識 老鷹合唱團有一首歌就叫〈Tequila Sunrise〉。

089

直調法 雞尾酒／龍舌蘭 基底

猛牛（Brave Bull）

`有點重` `有點甜` `餐後`

〔材料〕
龍舌蘭 40ml／咖啡利口酒 20ml

將 龍舌蘭與咖啡利口酒倒入裝了冰塊的玻璃杯，充分攪拌。

甘甜、乾脆、強而有力

家常 MEMO
覺得伏特加配卡魯哇（咖啡利口酒）喝起來不夠過癮的人，一定要試試看這杯酒！可以喝到明顯的龍舌蘭滋味，不過<u>我在日本很少看到有人點這杯（笑）</u>。喜歡教母這類雞尾酒的人，我也會推薦他們這杯有點變化的版本。

TVR

`有點重` `甜` `不限`

〔材料〕
龍舌蘭 20ml／伏特加 20ml／紅牛 1 罐

將 龍舌蘭與伏特加倒入杯中，攪拌至與冰塊融水混合均勻。加入適量的紅牛並輕輕攪拌。

搭上這班微醺特快車

家常 MEMO
這杯雞尾酒的名稱來源取自龍舌蘭（Tequila）、伏特加（Vodka）和紅牛（RedBull）的英文字首，也與法國路面電車 TVR 同名。由於<u>同時使用龍舌蘭和伏特加</u>，給人一種<u>「醉得很快」的感覺</u>。比較正式的酒吧不會提供這杯雞尾酒，各位可以<u>自行隨意混合</u>後享用。多餘的紅牛可以用來調整酒精濃度。

090

提華納螺絲
（Tijuana Screw）

> 普通　清爽　不限

〔材料〕
龍舌蘭 40ml／葡萄柚汁 60ml／柳橙汁 60ml

將 龍舌蘭、葡萄柚汁、柳橙汁倒入裝了冰塊的玻璃杯，輕輕攪拌。

第一次喝龍舌蘭的客人，試試看這杯～！

家常 MEMO
雖然在酒吧沒什麼人會點，不過這杯酒有葡萄柚汁又有柳橙汁，任何人都能輕鬆享用，很適合第一次喝龍舌蘭的人嘗試。此外，我也推薦喜歡龍舌蘭日出的人喝喝看這杯。

龍舌蘭高地人
（Tequila Highlander）

> 重　有點甜　餐後

〔材料〕
金色龍舌蘭 40ml／吉寶蜂蜜利口酒 20ml

杯 中裝入冰塊，加入龍舌蘭和吉寶蜂蜜利口酒，充分攪拌均勻。

獻給內行的你

家常 MEMO
吉寶蜂蜜利口酒是一款將香草、香料加入蘇格蘭高地調和麥芽威士忌製成的利口酒，搭配龍舌蘭形成**十分複雜的味道**，是行家會喜歡的雞尾酒。

補充小知識
猛牛這杯酒的名字聽起來口感非常強勁，不過味道其實滿甜的。

091

直調法 雞尾酒／龍舌蘭基底

Tequila & Tonic 的簡稱……

龍舌蘭通寧（Tequonic）

普通　　清爽　　不限

〔材料〕
龍舌蘭 45ml／通寧水 120ml／萊姆角

將龍舌蘭倒入裝了冰塊的杯子，避開冰塊加入通寧水。輕輕攪拌 1 圈半左右，最後擠入萊姆汁。

家常 MEMO

調製琴通寧時大多會先擠萊姆，這杯酒則是**最後才擠萊姆**，為的是抑制龍舌蘭的氣味，讓第一口更加順口。如果只有龍舌蘭和通寧水，有些人會覺得太烈，所以重點是最後要擠萊姆。名字不叫 Tequila & Tonic，而是「Tequonic」，這一點也挺有趣的。

Master 的喃喃自語

雞尾酒酒譜的正確答案因人而異

　　做菜時只要確實按照食譜分量，就能做出味道不錯的成品。反過來說，不遵照食譜便很有可能搞砸。

　　比起做菜，雞尾酒倒是不需要完全遵照酒譜調製。就算是很經典的雞尾酒，如果你想喝甜一點，就可以多加一點甜的材料；想要更多氣泡感，就可以多加一點蘇打水。無論怎麼調整，只要你覺得好喝就是正確的做法。

　　我在店裡也會根據客人點的酒和反應來觀察每個人的喜好，並調整酒譜。假如有人點了我比賽得獎的雞尾酒，而原本的酒譜偏甜，但我感覺那位客人不喜歡喝太甜的時候，我就會問：「我原本的酒譜味道偏甜，不過我看您似乎沒那麼喜歡喝甜的，如果可以的話，能不能容我稍微調整一下口味？」假如客人堅持要喝原版，我也會照做；如果客人願意讓我調整，我就會根據他們的喜好調整做法。雞尾酒酒譜的正確答案是因人而異。

龍舌蘭中暑
（Tequila Sunstroke）

`普通` `清爽` `不限`

〔材料〕
龍舌蘭 30ml ／葡萄柚汁 60ml ／
君度橙酒 1tsp

將 一顆大冰塊放入杯中，加入龍舌蘭和葡萄柚汁，充分攪拌。然後讓君度橙酒沿著吧匙沉入杯底，最後擺上裝飾即完成。

> 抱歉，我調得太清爽了……

家常 MEMO
龍舌蘭、葡萄柚、君度橙酒的組合非常和諧，是一杯十分輕鬆易飲的雞尾酒。**這杯酒是龍舌蘭日出的變化版**，將柳橙汁換成葡萄柚汁，紅石榴糖漿換成君度橙酒，**印象上比龍舌蘭日出更清爽。**

可樂娜重擊
（Corona Slam）

`重` `清爽` `乾杯`

〔材料〕
龍舌蘭 45ml ／可樂娜啤酒 1 瓶／
萊姆 15ml ／鹽口雪花杯

杯 口沾上鹽巴，製作雪花杯。然後加入冰塊、龍舌蘭和萊姆汁。最後將可樂娜啤酒倒插進杯中，倒到表面張力的程度就會剛好倒完，這樣就完成了。

> 乾杯的時候就高舉這一杯

家常 MEMO
這杯雞尾酒很適合乾杯的時候喝。一般氣泡類雞尾酒都要小心倒入氣泡材料，以免氣泡感消失，但可樂娜重擊**不是讓人小口啜飲的雞尾酒**，所以倒可樂娜時要粗魯一點。龍舌蘭加可樂娜啤酒的酒精濃度偏高，但喝起來出奇地順口，小心別喝過頭了。

補充小知識：「Twist」不只是有擰、扭等動作的意思，也指稱酒譜類似某杯經典調酒的改編版雞尾酒。

093

直調法 雞尾酒／威士忌基底

經典中的經典。廉價酒可以擠點檸檬

威士忌蘇打
（WhiskyHighball）

普通　清爽　不限

〔材料〕
威士忌 45ml／蘇打水 120ml

將 威士忌加入杯中，讓冰塊融水與威士忌融合。小心倒入蘇打水，避免氣泡散失。這樣就完成了。可以依喜好再加入檸檬。

家常 MEMO

這杯酒是經典到不能再經典的威士忌雞尾酒代表。如果使用優質威士忌，只加蘇打水就很好喝。如果使用<u>比較廉價的威士忌或打算配餐時，可以再擠一點檸檬</u>。喝的時機、使用的威士忌，都會大幅影響這杯酒的味道，找出最適合自己的喝法吧。

古典雞尾酒
（Old Fashioned）

重　有點甜　不限

〔材料〕
波本威士忌 45ml／安格仕苦精 2dash／方糖 1顆／柳橙片／檸檬片／糖漬櫻桃

將 方糖放入杯中，滴上安格仕苦精。稍微搗碎方糖後加入波本威士忌，再加入柳橙片、檸檬片和糖漬櫻桃等喜歡的材料，然後加入碎冰，附上攪拌棒即完成。

你們會怎麼喝這杯酒？

家常 MEMO

這杯酒會讓客人自己攪拌砂糖，邊喝邊調整出喜歡的味道。古典雞尾酒<u>長久以來都是全球最多人喝的雞尾酒</u>，但如今已被「內格羅尼」超車了。日本很少人喝這杯酒，但這在美國是最受歡迎的雞尾酒。很多人說在日本上酒吧時，想了解一名調酒師的技術，第一杯先點琴費斯；在國外的話，就是點古典雞尾酒了。

094

薄荷茱莉普（Mint Julep）

`普通`　`清涼`　`餐後`

〔材料〕
波本威士忌 60ml ／砂糖 2tsp ／
蘇打水 2tsp ／薄荷 5 片

將威士忌加入茱莉普杯，再加入碎冰，倒入蘇打水。最後放上薄荷葉並撒上砂糖即完成。

飲用時也感受一下清新香氣

家常 MEMO
威士忌與薄荷的風味非常契合，**國外的酒客特別喜歡這種味道**。這杯酒與古典雞尾酒類似，客人可以根據個人喜好混合與搗壓薄荷，調整口味。

賽澤瑞克（Sazerac）

`重`　`苦味`　`餐後`

〔材料〕
波本威士忌 60ml ／方糖 1 顆 ／苦艾酒 5ml ／
安格仕苦精 2dash ／檸檬皮

將波本威士忌、苦艾酒、方糖加入裝了冰塊的杯子，攪拌。最後加入安格仕苦精，並放上檸檬皮裝飾。

史上最老的雞尾酒未免也太好喝

家常 MEMO
賽澤瑞克是人稱世上最古老的雞尾酒，其製作方式也隨著時代不斷演變。古典的做法是先將苦艾酒倒入杯子，轉動杯身讓苦艾酒沾附在杯壁，然後倒掉。接著再加入冰塊、波本威士忌、方糖和安格仕苦精，攪拌後完成。最後添加一些安格仕苦精，讓這杯雞尾酒帶有苦味。

補充小知識　安格仕苦精是將藥草、香草植物、香料浸泡於蒸餾酒所製成的一種苦酒。

095

直調法 雞尾酒／威士忌 基底

有限的這一生，你想和誰一起度過

泰勒媽咪
（Mamie Taylor）

`普通`　`清爽`　`不限`

〔材料〕
威士忌 45ml ／檸檬汁 15ml ／
薑汁汽水 120ml ／檸檬角

將 威士忌、檸檬汁、薑汁汽水倒入裝了冰塊的玻璃杯，輕輕攪拌。最後再擠入檸檬汁即完成。

家常 MEMO
這杯酒是用檸檬汁和薑汁汽水兌威士忌，也就是「威士忌霸克」。檸檬的酸烘托出威士忌的風味，薑汁汽水的甜則讓口感更加柔順。據說 Mamie Taylor 這個名稱是源自一位百老匯知名歌手。這杯酒的雞尾酒語是「永遠與你相伴」，因此許多人會和喜歡的人一起喝這杯酒。

紫色羽毛
（Purple Feather）

`普通`　`甜`　`不限`

〔材料〕
蘇格蘭威士忌 40ml ／黑醋栗利口酒 20ml ／
蘇打水 120ml

將 蘇格蘭威士忌與黑醋栗利口酒加入裝了冰塊的玻璃杯，充分攪拌。然後慢慢加入蘇打水，輕輕攪拌，避免氣泡散失。

帶點成熟滋味的黑醋栗蘇打

家常 MEMO
由顏色呈現紫色，所以取名為「紫色羽毛」。這杯雞尾酒加了蘇格蘭威士忌，感覺像是**大人版的黑醋栗蘇打**。喝起來很順口，但仍能感受到威士忌的風味，適合喝黑醋栗蘇打覺得不夠滿足的人。

黯淡母親（DirtyMother）

`重`　`甜`　`餐後`

〔材料〕
白蘭地 40ml ／咖啡利口酒 20ml

將 冰塊裝入古典杯，加入白蘭地和咖啡利口酒，攪拌均勻。

直調法 雞尾酒／**白蘭地** 基底

白蘭地 × 咖啡的禁忌關係

家常 MEMO
正如名字「Dirty」所示，白蘭地與咖啡利口酒混合後顏色會變得有點髒兮兮的。先不論外觀，白蘭地的甜和咖啡的苦搭配起來意外地不錯。雖然酒精濃度偏高，但依舊十分美味。

法蘭西集團
（French Connection）

`重`　`甜`　`餐後`

〔材料〕
白蘭地 45ml ／杏仁利口酒 15ml

將 白蘭地與杏仁利口酒加入裝了冰塊的玻璃杯，充分攪拌。

我找到合法的上癮途徑了！

補充小知識
薑汁汽水和檸檬汁是經典不敗的好搭檔，可以根據個人口味調整比例。

家常 MEMO
這杯雞尾酒是「教父」的變化版，名字取自美國電影《霹靂神探》（The French Connection）；該電影講述了警察偵破法國毒販銷售管道的故事。「教父」的基酒是威士忌，這杯酒則是法國的白蘭地。白蘭地的香氣很強，不過與杏仁利口酒相當合拍。

097

直調法 雞尾酒／白蘭地 基底

混合之後將產生超人級的美味

浩克（Hulk）

`重` `甜` `餐後`

〔材料〕
白蘭地 30ml ／ HQ 漩渦香甜酒 30ml

將 HQ 漩渦香甜酒倒入裝了冰塊的玻璃杯，然後讓白蘭地漂浮在表層。提供給客人時保持分層，混合後就會變成綠巨人浩克的顏色。

家常 MEMO

這杯雞尾酒的名字毫無疑問是來自電影《綠巨人浩克》（Hulk）。下層的 HQ 漩渦香甜酒是一種用干邑白蘭地浸泡多種水果製作的水果利口酒，直接加冰塊喝也很好喝。讓白蘭地漂浮在表層，可以充分展現這種青藍色的酒色。喝的時候拌勻，就會變成綠巨人浩克般的綠色。

禁果老兄
（Fuzzy Brother）

`普通` `甜` `不限`

〔材料〕
白蘭地 40ml ／水蜜桃利口酒 20ml ／柳橙汁 120ml

將白蘭地加入裝了冰塊的玻璃杯，再加入水蜜桃利口酒和柳橙汁，輕輕攪拌。

禁果的哥哥！？

家常 MEMO

這杯雞尾酒是「禁果」的兄弟，比原版多了白蘭地這項材料，因此名稱加上一個「老兄」。禁果的口感比較溫順，通常是女性會點來喝的雞尾酒，這一杯則多了白蘭地，口感更強勁。

紅約瑟芬
（Josephine Rouge）

> 解開藏在玫瑰背後的兩份愛意

`普通` `甜` `不限`

〔材料〕
白蘭地 30ml ／草莓利口酒 10ml ／
水蜜桃利口酒 10ml ／通寧水 120ml

將 白蘭地、草莓利口酒、水蜜桃利口酒倒入裝了冰塊的玻璃杯，充分攪拌。然後慢慢加入通寧水，輕輕攪拌。

家常 MEMO
約瑟芬是拿破崙妻子的名字。這杯雞尾酒的調製重點是使用拿破崙鍾愛的白蘭地品牌「拿破崙」（Courvoisier），這個牌子的酒標上畫著紅玫瑰。而據說約瑟芬也是玫瑰愛好者，因此這杯酒命名為「紅約瑟芬」。如果使用其他品牌的白蘭地就失去意義了。

香蕉極樂
（Banana Bliss）

`重` `甜` `餐後`

〔材料〕
白蘭地 30ml ／香蕉利口酒 30ml

將 白蘭地與香蕉利口酒倒入裝了冰塊的玻璃杯，充分攪拌。

> 歡迎陷入白蘭地的泥沼

家常 MEMO
市面上有很多款香蕉利口酒，無論哪一款搭配白蘭地都能調出勻稱的滋味。打算未來挑戰喝白蘭地加冰的人，可以先從這杯雞尾酒開始嘗試。隨著你逐漸減少香蕉利口酒的用量，最終就能好好享受白蘭地加冰的美味。

補充小知識：漩渦香甜酒的原文 Hpnotiq 在法文中是「催眠」的意思。因為太好喝而喝過頭的話可能會想睡覺哦。

直調法 雞尾酒／**白蘭地** 基底

你知道什麼白蘭地調酒受女生歡迎嗎？

法國綠寶石
（French Emerald）

`普通`　`清爽`　`不限`

〔材料〕
白蘭地 30ml ／藍柑橘利口酒 10ml ／
通寧水 120ml

將白蘭地與藍柑橘利口酒加入裝了冰塊的玻璃杯，充分攪拌。然後慢慢加入通寧水，輕輕攪拌。最後根據喜好放入檸檬片裝飾。

家常 MEMO

很多人應該覺得白蘭地是大叔在喝的東西（笑）。想和女性一起享受白蘭地的男士可以記住這杯雞尾酒。將藍柑橘利口酒加入白蘭地，會形成美麗的綠寶石色，相信女性會非常喜歡這漂亮的外觀。男士不妨抱著輕鬆的語氣推薦女伴這樣的喝法。

雪人（Snowman）

`普通`　`甜`　`餐後`

〔材料〕
白蘭地 30ml ／ Berentzen 優格利口酒 20ml ／
水蜜桃利口酒 10ml ／通寧水 120ml ／
珍珠洋蔥／黑橄欖／櫻桃／薄荷／糖粉

將白蘭地、優格利口酒、水蜜桃利口酒加入裝了冰塊的玻璃杯，充分攪拌。然後慢慢加入通寧水，輕輕攪拌，放上可愛的裝飾即完成。

「甜蜜的雪」連心也染白？

家常 MEMO

這杯甜點酒加了優格利口酒和水蜜桃利口酒，十分甜美順口。優格利口酒與通寧水混合後會變得像白雪一樣，因此取名為「雪人」。運用黑橄欖、櫻桃和薄荷裝飾出可愛的感覺也是這杯雞尾酒的重點。

燒酎藍

`偏輕`　`清爽`　`不限`

〔材料〕
燒酎 45ml ／葡萄柚汁 60ml ／
通寧水 120ml ／藍柑橘利口酒 15ml

將 燒酎和葡萄柚汁加入裝了冰塊的玻璃杯，充分混合，然後加入通寧水輕輕攪拌。最後將藍柑橘利口酒沉入杯底即完成。

燒酎也想受到女孩子歡迎

家常 MEMO
這杯酒用了葡萄柚汁和通寧水，因此屬於**泡泡雞尾酒系列**。這項黃金公式套用於任何酒類都沒有問題，當然也適合燒酎。燒酎雞尾酒聽起來或許有一點老氣，但加入清爽的藍色後，看起來也很清新有魅力。

直調法 雞尾酒／燒酎基底

不美好回憶
（Unsweet Memory）

`重`　`苦甜`　`食前`

〔材料〕
燒酎 30ml ／金巴利 30ml ／
不甜香艾酒 30ml

將 燒酎、金巴利、不甜香艾酒加入裝了冰塊的古典杯，充分攪拌。

在圓潤中品嘗微苦回憶

家常 MEMO
這杯雞尾酒是用燒酎取代了內格羅尼的琴酒。我個人覺得**比正統的內格羅尼更順口**，推薦大家喝喝看。少了琴酒的辛辣感，口感更柔順，更容易飲用。

補充小知識：Berentzen 優格利口酒的成分中含有熱帶水果萃取物。

101

直調法 雞尾酒／燒酎基底・清酒基底

燒酎白

`偏輕`　`甜`　`餐後`

〔材料〕
燒酎 45ml ／可爾必思 30ml ／蘇打水 90ml

將燒酎和可爾必思加入裝了冰塊的玻璃杯，充分攪拌至混合均勻，然後避開冰塊倒入蘇打水，輕輕攪拌 1 圈半。

可以暢快喝醉的可爾必思蘇打

家常 MEMO
這杯酒就像加了燒酎的可爾必思蘇打，泡沫看起來相當旺盛，十分可愛，喝起來不像在喝酒。**不太敢喝燒酎的人也能輕鬆飲用這杯雞尾酒。**

武士洛克
（Samurai Rock）

`普通`　`清爽`　`餐後`

〔材料〕
清酒 60ml ／萊姆汁 10ml ／萊姆角

將清酒與萊姆汁（現榨或市售果汁）倒入裝了冰塊的古典杯，充分攪拌。

閃耀吧！武士之魂

家常 MEMO
這是一杯在國外也很有名的清酒雞尾酒。據說外國人喝清酒時比較少用小清酒杯，調成武士洛克的形式較為主流。其實這就是**琴萊姆的琴酒換成清酒**，喝起來很順口，酒精濃度也不高。喝不了清酒的人務必嘗嘗看這杯雞尾酒。

黑灘（Black Nada）

`普通` `甜` `餐後`

〔材料〕
清酒 40ml ／咖啡利口酒 20ml

將 清酒與咖啡利口酒加入裝了冰塊的古典杯，充分攪拌均勻。

> **家常 MEMO**
> 這杯雞尾酒的架構相當於伏特加＋咖啡利口酒的黑色俄羅斯，只是基酒換成了清酒。清酒與咖啡意外地合拍，兩者的甜味交疊在一起非常美味。不過咖啡利口酒加太多可能會掩蓋清酒的味道，所以用量比酒譜標示的少也OK。

咖啡帶出了清酒的風味

直調法 雞尾酒／清酒 基底

日式皇家基爾
（Japanese Kir Royal）

`普通` `苦甜` `食前`

〔材料〕
清酒 80ml ／黑醋栗利口酒 30ml ／蘇打水 60ml

將 清酒與黑醋栗利口酒加入裝了冰塊的玻璃杯，充分攪拌。避開冰塊倒入蘇打水，輕輕攪拌。

> **家常 MEMO**
> 原本的皇家基爾是一杯用氣泡酒調製的雞尾酒，這裡是改成清酒的版本。清酒加蘇打水，感覺就像清酒香檳，再搭配黑醋栗利口酒，整杯喝起來甜甜的很順口。

擁有時尚底子的日本雞尾酒

補充小知識：上酒吧時，一定要試試看那間酒吧原創的招牌雞尾酒。

直調法 雞尾酒／紅酒 基底

不敢喝紅酒的人也能大口暢飲

凱蒂（Kitty）

`輕` `清甜` `食前`

〔材料〕
紅酒 90ml／薑汁汽水 90ml

將 紅酒和薑汁汽水倒入紅酒杯，輕輕攪拌。

家常 MEMO

「Kitty」是「小貓」的意思，代表這杯酒順口到就連小貓都能喝。而且酒精濃度低，不喜歡紅酒那種澀味的人也能好好享用。不太喜歡喝紅酒的人，如果想在乾杯時配合其他人，那麼點這杯酒看起來也不會很突兀。

卡里莫丘（Kalimotxo）

`輕` `有點甜` `不限`

〔材料〕
紅酒 90ml／可樂 90ml／檸檬片

將 紅酒加入裝了冰塊的玻璃杯，慢慢倒入可樂，輕輕攪拌，最後加入檸檬片即完成。

在西班牙連小孩子也喝的酒？

家常 MEMO

這是我個人非常推薦的雞尾酒，據說起源於墨西哥，後來成為西班牙的大眾飲料，據說在當地連小孩子也會喝。這杯酒是自由古巴（蘭姆酒＋可樂）的變化版，不過紅酒比蘭姆酒便宜，所以這杯酒也更親民一些。

直調法 雞尾酒／**紅酒** 基底

美國檸檬水
（American Lemonade）

`輕` `清爽` `不限`

〔材料〕
紅酒 30ml ／檸檬 30ml ／
糖漿 15ml ／水 90ml

將 水、檸檬汁、糖漿倒入裝了冰塊的玻璃杯攪拌，調製出檸檬水。然後慢慢倒入紅酒，讓紅酒漂浮在表層，最後放入檸檬片裝飾。紅酒的比重較輕，所以很容易浮在雞尾酒表面。

家常 MEMO
這杯雞尾酒的重點是要先調好檸檬水。如果沒有事先調好檸檬水，紅酒就不會漂浮在表層。建議在分層的狀態下端給客人，讓他們拍完照片後再攪拌飲用。

「拍照打卡」完再攪拌均勻！

紅色坡道（RosaRossa）

`普通` `清甜` `餐後`

〔材料〕
紅酒 60ml ／杏仁利口酒 30ml ／
薑汁汽水 60ml

將 紅酒和杏仁利口酒加入裝了冰塊的玻璃杯，充分攪拌。然後慢慢加入薑汁汽水，以免氣泡散失。輕輕攪拌，最後放入檸檬片即完成。

推薦給「凱蒂喝起來不過癮」的你

家常 MEMO
「RosaRossa」是義大利語的「紅色坡道」。覺得凱蒂喝起來不夠過癮的人，可以試試看這杯多了利口酒的雞尾酒，酒精濃度更高。紅酒與杏仁利口酒搭起來很合適，整體口感清甜順口。

直調法 雞尾酒／紅酒基底・白酒基底

雖然也可以用蘇打水或通寧水代替

夏洛特王后
（Queen Charlotte）

`輕` `甜` `不限`

〔材料〕
紅酒 30ml／紅石榴糖漿 10ml／
七喜 90ml

葡 葡酒杯裝入冰塊，加入紅酒與紅石榴糖漿，充分攪拌。最後再加入七喜，輕輕攪拌。

家常 MEMO
雖然可以用蘇打水或通寧水取代七喜，但我個人還是**推薦用七喜，味道和紅石榴糖漿比較搭**。

基爾（Kir）

`普通` `有點甜` `不限`

〔材料〕
白酒 60ml／黑醋栗利口酒 10ml

葡 葡酒杯中加入白酒與黑醋栗利口酒，輕輕攪拌。

討厭白酒的人也喝得了

家常 MEMO
這杯雞尾酒是為了那些覺得白酒喝起來太刺激的人而生，添加了黑醋栗利口酒的甜味。基爾這個名字來自法國勃艮第地區第戎市的市長菲利克斯・基爾（Felix Kir），他當初大力推廣這杯以當地白酒和黑醋栗利口酒調成的雞尾酒。順帶一提，**我喜歡加冰塊大口暢飲**。

106

氣泡雞尾酒（Spritzer）

`輕` `清爽` `食前`

〔材料〕
白酒 90ml ／蘇打水 60ml ／檸檬片

將 白酒和蘇打水加入裝了冰塊的玻璃杯，輕輕攪拌。放入檸檬片裝飾即完成。

想要清清口腔味道時喝的清爽餐前酒

家常 MEMO
這是一杯簡單的餐前雞尾酒，只有白酒加蘇打水，然後放入一片檸檬，特色是味道相當清爽。由於這杯酒是**白酒加蘇打水，因此酒精濃度低於**本來就含有氣泡的氣泡葡萄酒。

操作員（Operator）

`輕` `清甜` `不限`

〔材料〕
白酒 90ml ／薑汁汽水 90ml ／檸檬 10ml ／檸檬片

將 白酒和檸檬汁加入裝了冰塊的玻璃杯，攪拌均勻。慢慢加入薑汁汽水後輕輕混合，放入檸檬片裝飾即完成。

居酒屋也點得到的超人氣雞尾酒

家常 MEMO
這杯酒是薑汁汽水＋檸檬的霸克類雞尾酒，而且是**最受歡迎的白酒雞尾酒**。近來很多居酒屋也能點到這杯酒，實際上很多人來我店裡也會點這一杯。這杯酒的酒精濃度低到傳說連飛航管制員休息時都在喝，不擅長喝酒的人也能接受。

直調法 雞尾酒／**白酒**基底

補充小知識
紅石榴糖漿是紅石榴果汁加砂糖做成的無酒精糖漿，通常會用來增添風味與顏色。

直調法 雞尾酒／白酒 基底

蜜桃基爾（Pêche Kir）

`輕` `清甜` `食前`

〔材料〕
白酒 60ml ／水蜜桃利口酒 10ml

將 白酒和水蜜桃利口酒加入葡萄酒杯，充分攪拌均勻。

白酒與水蜜桃的完美組合

家常 MEMO
這杯酒是基爾的變化版，將原本的黑醋栗利口酒換成水蜜桃利口酒。白酒和水蜜桃的味道很合，調起來順口又好喝。Pêche 就是法文的「桃子」。

梅費爾汽酒（Mayfair Spritzer）

`輕` `苦清爽` `食前`

〔材料〕
白酒 60ml ／金巴利 15ml ／蘇打水 60ml

將 白酒和金巴利加入裝了冰塊的玻璃杯，充分攪拌。慢慢加入蘇打水以免氣泡散失，輕輕攪拌。可依個人喜好加入檸檬。

味道走一個「微苦清爽」路線？

家常 MEMO
這是氣泡雞尾酒的變化版，金巴利增添了苦味，酒精度也高了一點，很適合當作餐前酒。由於這杯酒比原版的氣泡雞尾酒多了一點苦韻，餐前飲用可以開開胃。風味描述的部分，選擇使用「微苦清爽」這個比較難懂的形容。

皇帝基爾（Kir Imperial）

輕　　酸甜　　食前

〔材料〕
氣泡酒 60ml／
覆盆子利口酒 10ml

將 覆盆子利口酒與氣泡酒加入葡萄酒杯，輕輕攪拌以免氣泡散失。

直調法 雞尾酒／氣泡酒 基底

「喜歡酸甜口味的人」一定要點

家常 MEMO
最受歡迎的香檳基底雞尾酒莫過於「皇家基爾」，而這杯「皇帝基爾」用「皇帝」取代了「皇家」，具有更上一層樓的意思。由於覆盆子比黑醋栗酸，因此我非常推薦喜歡酸甜口味的人喝喝看這杯。

皇家基爾（Kir Royal）

重　　甜　　食前

〔材料〕
氣泡酒 60ml／黑醋栗利口酒 10ml

氣 泡泡酒和黑醋栗利口酒加入葡萄酒杯，輕輕攪拌。

調法超簡單的氣泡餐前酒

家常 MEMO
這杯雞尾酒是相當有代表性的餐前酒。味道清爽，酒精濃度低，非常適合餐前飲用。儘管我個人更喜歡含羞草和貝里尼，不過皇家基爾無疑是最受歡迎的氣泡酒基底雞尾酒。順帶一提，香檳只是氣泡酒的一種，專指香檳地區生產的氣泡酒。

109

直調法 雞尾酒／氣泡酒 基底

上了顏色後「吸睛度」大升級

香檳藍調
（Champagne Blues）

`輕`　`清爽`　`不限`

〔材料〕
氣泡酒 110ml／
藍柑橘利口酒 10ml／檸檬皮

將 氣泡酒和藍柑橘利口酒加入葡萄酒杯，輕輕攪拌。最後用檸檬皮裝飾即完成。

家常 MEMO
這杯酒只是用藍柑橘利口酒替氣泡酒上色，喝起來幾乎與直接喝氣泡酒沒兩樣。不過藍色氣泡酒的外觀十分稀奇，拍起照來也很好看。

提齊安諾（Tiziano）

`輕`　`清甜`　`食前`

〔材料〕
氣泡酒 60ml／
葡萄柚汁 30ml

將 氣泡酒和葡萄柚汁加入葡萄酒杯，輕輕攪拌。依個人喜好加上薄荷裝飾即完成。

「酸味的平方」增添味道深度

家常 MEMO
這杯酒將氣泡酒和葡萄柚的酸味結合在一起，順口但層次豐富。「提齊安諾」是文藝復興時期一名義大利畫家的名字。

貝里尼（Belini）

`輕` `甜` `食前`

〔材料〕
氣泡酒 60ml ／
水蜜桃果汁（Peach Nectar）30ml ／
紅石榴糖漿 1 tsp

> 口中充滿水蜜桃果汁的甜美

將 水蜜桃果汁和紅石榴糖漿加入杯中攪拌均勻。倒入氣泡酒，整體輕輕攪拌。

家常 MEMO
這杯雞尾酒源自義大利威尼斯的知名餐酒館「哈利酒吧」（Harry's Bar），可以感受到氣泡酒的清爽滋味之中遍布著水蜜桃果汁的甜味，真的很好喝。口感也很順，是相當受歡迎的一杯酒。

含羞草（Mimosa）

`輕` `甜` `食前`

〔材料〕
氣泡酒 60ml ／
柳橙汁 60ml

將 氣泡酒和柳橙汁加入玻璃杯並輕輕攪拌。

> 最好使用新鮮柳橙汁！

家常 MEMO
這原本是上流社會流行的雞尾酒。建議使用新鮮的柳橙汁，調出來的味道會更好。由於其鮮豔的黃色與含羞草的花朵十分相似，因而得名。

補充小知識
酒譜中寫的檸檬皮，意思是輕輕擠壓檸檬皮，噴出精油，增添雞尾酒風味的手法。

111

直調法 雞尾酒／氣泡酒 基底

晶瑩剔透（Crystalline）

`輕` `清爽` `乾杯`

〔材料〕
氣泡酒 60ml／
綠薄荷利口酒 10ml

將 氣泡酒和綠薄荷利口酒加入葡萄酒杯，輕輕攪拌。

用「薄荷綠」乾杯！

家常 MEMO
這杯酒和香檳藍調一樣，都是強調顏色表現的雞尾酒。薄荷和氣泡酒的風味十分契合，因此很多人喜歡喝這杯。而且味道又清爽，很適合用來乾杯。

黑色天鵝絨（Black Velvet）

`輕` `苦醇` `乾杯`

〔材料〕
氣泡酒 1/2／黑啤酒 1/2

將 氣泡酒與黑啤酒同時慢慢加入玻璃杯，讓材料自然混合。

考驗調酒師技術的一杯酒？

家常 MEMO
這杯酒因為漫畫《王牌酒保》而打響了知名度。漫畫中有一幕，主角同時將黑啤酒與氣泡酒倒入杯中，並且剛好在滿杯時停止。這一話連載刊出的隔天，日本各地的酒吧都冒出一堆指定要喝黑色天鵝絨的客人。這杯酒很考驗調酒師的技術，無論是倒酒的角度還是如何控制起泡的量都不容易。

香迪蓋夫（Shandy Gaff）

`輕` `甜` `乾杯`

〔材料〕
啤酒 1/2 ／薑汁汽水 1/2

應該先加啤酒，還是先加薑汁汽水？

杯中先倒入一半的薑汁汽水，然後慢慢加入啤酒直到滿杯。最後將吧匙慢慢插入杯底，輕輕攪拌底部即可。

家常 MEMO

薑汁汽水可以減輕啤酒的苦味，不敢喝啤酒的人也能輕鬆享用這杯雞尾酒。由於兩種材料的分量各半，所以這杯酒的酒精度數偏低。調製啤酒雞尾酒時，重要的是如何做出美麗的泡沫。**先倒薑汁汽水，再倒啤酒，就能形成漂亮的泡沫**。不過自己在家裡調的時候，也可以先倒入啤酒製造泡沫，等泡沫稍微消退後再注入薑汁汽水，這樣也能產生漂亮的泡沫。

直調法 雞尾酒／啤酒 基底

紅眼（Red Eye）

`輕` `清爽` `不限`

〔材料〕
啤酒 1/2 ／番茄汁 1/2

杯中先倒入一半的番茄汁，然後慢慢加入啤酒直到滿杯。

可以加入塔巴斯科當作「收尾」的一杯

家常 MEMO

我通常會將紅眼放在最後一杯喝。我會請調酒師用新鮮的番茄榨汁，再加點塔巴斯科辣椒醬，喝完就打道回府。大多數人會用市售番茄汁調製紅眼，但**我比較喜歡使用新鮮番茄調出來的味道**。

補充小知識

香迪蓋夫在世界各地都相當有名，不過名字的由來卻眾說紛紜。

113

直調法 雞尾酒／啤酒 基底

潛水艇（Submarino）

`董` `清爽` `乾杯`

〔材料〕
龍舌蘭 60ml ／啤酒 180ml

將 龍舌蘭加入杯中，然後輕輕倒入啤酒直至滿杯。原本的做法是直接將裝了龍舌蘭的一口杯投入啤酒杯。

家常 MEMO
這杯雞尾酒用了龍舌蘭和啤酒，適合在炒熱場子時喝。原本的調法是將裝了龍舌蘭的一口杯直接沉入啤酒杯，所以名字才會取作潛水艇。假如想嘗嘗酒精感較強勁的啤酒，可以試試看這杯酒。

想要喝點高酒精濃度啤酒時的好選擇

蔓越莓啤酒（Cranberry Beer）

`輕` `甜` `餐後`

〔材料〕
蔓越莓汁 30ml ／
紅石榴糖漿 1 tsp ／啤酒 180ml

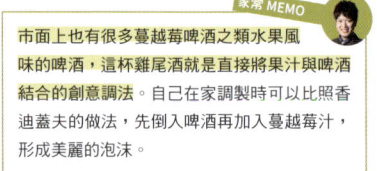

將 蔓越莓汁和紅石榴糖漿加入杯中，輕輕攪拌。然後輕輕倒入啤酒直到滿杯。

家常 MEMO
市面上也有很多蔓越莓啤酒之類水果風味的啤酒，這杯雞尾酒就是直接將果汁與啤酒結合的創意調法。自己在家調製時可以比照香迪蓋夫的做法，先倒入啤酒再加入蔓越莓汁，形成美麗的泡沫。

「輕輕地」調和蔓越莓＋啤酒

潘納雪（Panaché）

`輕` `清甜` `乾杯`

〔材料〕
啤酒 1/2 ／ 檸檬水 1/2

杯中倒入一半的檸檬水，然後輕輕加入啤酒直到滿杯。

這杯酒也需要「確實調好檸檬水」

家常 MEMO
日本比較有名的啤酒基底雞尾酒是香迪蓋夫，但我想國外更流行喝潘納雪。很多外國客人來我店裡時都會點這杯酒。調製的重點是要好好調好檸檬水。

雞蛋啤酒（Egg Beer）

`普通` `甜` `餐後`

〔材料〕
蛋酒 60ml ／ 啤酒 180ml

將蛋酒倒入杯中，然後輕輕倒入啤酒直到滿杯。充分攪拌至混合均勻。

如果調得好，保證好喝得不得了

家常 MEMO
蛋酒是一種奶油狀的利口酒，與啤酒混合後會形成奶昔一般的滋味。蛋酒很難與啤酒混合均勻，偏偏攪拌時太用力可能會導致泡沫溢出，因此這杯雞尾酒調起來有一點難度。

補充小知識
蛋酒是一種使用蛋黃、砂糖、白蘭地和香草製作的奶類利口酒。

115

直調法 雞尾酒／利口酒 基底

黑醋栗柳橙
（Cassis Orange）

`輕`　`甜`　`不限`

〔材料〕
黑醋栗利口酒 30ml／
柳橙汁 120ml

將 黑醋栗利口酒和柳橙汁加入裝了冰塊的玻璃杯，充分攪拌。

使用現榨柳橙汁的味道完全不一樣

家常 MEMO
這杯可以說是**日本最多女性喜歡喝的雞尾酒**。不僅居酒屋點得到，我店裡賣最多的也是這杯酒。這杯酒有很多種享受的方法，例如黑醋栗利口酒有很多種，也可以嘗試用新鮮現榨的柳橙汁，調出不同的風味。

黑醋栗葡萄柚
（Cassis Grapefruit）

`輕`　`清甜`　`不限`

〔材料〕
黑醋栗利口酒 30ml／
葡萄柚汁 120ml

杯 子裝入冰塊，讓黑醋栗利口酒沉在底部，再加入葡萄柚汁。在分層的狀態下端給客人，喝的時候再自行拌勻。

葡萄柚汁帶來「清爽的甜感」

家常 MEMO
如果論我個人的口味，我喜歡黑醋栗葡萄柚更勝於黑醋栗柳橙。**黑醋栗的甜味與葡萄柚的清新感相輔相成**，尾韻更加清爽。黑醋栗利口酒在其他國家並不是多麼受歡迎的材料，在日本倒是非常多人喜歡。

116

黑醋栗烏龍
（Cassis Oolong）

`輕`　`清爽`　`不限`

〔材料〕
黑醋栗利口酒 30ml／
烏龍茶 120ml

將 黑醋栗利口酒和烏龍茶加入裝了冰塊的玻璃杯，輕輕攪拌。

沒想到烏龍茶的潛力這麼高

家常 MEMO

黑醋栗烏龍是居酒屋的經典調飲，適合**任何情況下**喝。乾杯的時候可以喝，配餐時也不會像其他甜味雞尾酒一樣搶走餐點的風頭。烏龍茶和甜甜的利口酒混合也不會掩蓋彼此的風味，喝起來十分美味。這也讓我感受到烏龍茶潛在的無窮潛力。

黑醋栗牛奶
（Cassis Milk）

`輕`　`甜`　`餐後`

〔材料〕
黑醋栗利口酒 30ml／
牛奶 120ml

將 黑醋栗利口酒加入裝了冰塊的古典杯，然後慢慢倒入牛奶。在分層的狀態下端給客人，喝的時候再自行攪拌均勻。

如果用搖盪的，口感會變得「蓬鬆綿密」

家常 MEMO

這是卡魯哇牛奶的變化版，可以形容成帶有果香的甜滋滋牛奶。我雖然將這杯酒歸納為直調法，不過也可以用**搖盪法**調製。黑醋栗利口酒與牛奶都是不太容易混合的材料，因此搖盪可以讓味道更均勻，口感也會變得很蓬鬆綿密。

補充小知識：挑選黑醋栗利口酒時，可以根據個人口味選擇甜度高、酸味強或香氣濃郁的產品。

117

直調法 雞尾酒／利口酒 基底

推薦給黑醋栗柳橙的「畢業生」

黑醋栗蘇打
（Cassis Soda）

輕　清爽　不限

〔材料〕
黑醋栗利口酒 30ml ／蘇打水 120ml ／檸檬片

將 黑醋栗利口酒倒入裝了冰塊的玻璃杯，加入約三分之一的蘇打水，充分攪拌。在杯中調好黑醋栗汽水後，再慢慢加入剩下的蘇打水，輕輕攪拌。最後加入檸檬片即完成。

家常 MEMO

覺得自己是時候從黑醋栗柳橙畢業的人，下一個階段最適合從這一杯開始。黑醋栗利口酒不容易混合，因此氣泡水不要一次加完，而是先加三分之一攪拌均勻。調製這杯雞尾酒的關鍵，在於最後擠一點檸檬汁，讓味道變得更加清爽美味。

禁果（Fuzzy Navel）

輕　甜　不限

〔材料〕
水蜜桃利口酒 30ml ／
柳橙汁 120ml ／
柳橙角

將 水蜜桃利口酒與柳橙汁加入裝了冰塊的玻璃杯，充分攪拌。再加入柳橙角即完成。

不敢喝酒的人也覺得順口！

家常 MEMO

這杯雞尾酒是將黑醋栗柳橙的黑醋栗利口酒換成水蜜桃利口酒的版本，也是日本女性常喝的雞尾酒之一。由於這杯酒甜甜的，酒精濃度又低，不敢喝酒的人也能好好享用。水蜜桃利口酒比黑醋栗利口酒容易混合，所以採直調法也能調出均勻的味道。

雷鬼潘趣（Reggae Punch）

> 輕　　清甜　　不限

〔材料〕
水蜜桃利口酒 30ml ／烏龍茶 120ml ／檸檬皮

將 水蜜桃利口酒和烏龍茶加入裝了冰塊的玻璃杯，充分攪拌。依喜好放入檸檬皮即完成。

家常 MEMO

這杯酒其實就是水蜜桃烏龍，雷鬼潘趣則是**仙台人發明的在地稱呼**。很多酒在不同地區有不同的稱呼，比如黑醋栗葡萄柚在愛媛縣稱作「羅莎夫人」（Madame Rochas），而在隔壁的高知縣則稱作「羅榭夫人」（Madame Rose）。羅榭夫人這個名字的由來，據說是高知縣一位酒吧老闆在巴黎留學時，有次與一位女士擦肩而過，被她的香水味所吸引，於是嘗試用雞尾酒重現那段回憶。後來這杯酒傳到了愛媛縣，就變成了「羅莎夫人」。

偶然「擦肩而過」下的產物

蔚藍（Grand Blue）

> 輕　　清爽　　不限

〔材料〕
琴酒 20ml ／鳳梨汁 20ml ／
藍柑橘利口酒 15ml ／完美愛情利口酒 5ml ／
檸檬汁 5ml

將 琴酒、鳳梨汁、藍柑橘利口酒、完美愛情利口酒、檸檬汁加入雪克杯，搖盪後加入裝了冰塊的玻璃杯。還可以用檸檬裝飾，襯托出漂亮的酒色。

「吸睛度」OK！口感也OK！

家常 MEMO

喝的時候會先感覺到鳳梨帶來的果香，接著會飄出完美愛情利口酒帶來的紫羅蘭香。整體味道果香四溢，甜而不膩，是一杯非常容易入口的雞尾酒。

> 補充小知識　帕索瓦是一款用百香果做成的利口酒，果香濃郁且帶有花香。

119

直調法 雞尾酒／利口酒 基底

蜜桃爆破者
（Peach Blaster）

`輕` `清甜` `不限`

〔材料〕
水蜜桃利口酒 30ml ／
蔓越莓汁 120ml

將 水蜜桃利口酒與蔓越莓汁加入裝了冰塊的玻璃杯，充分攪拌。可依喜好加入檸檬。

最強拍檔帶來頂級美味

家常 MEMO

儘管這杯雞尾酒的名字很駭人，但其實就只是將水蜜桃利口酒和蔓越莓汁這兩項契合的材料混合在一起，味道保證沒話說。==甜甜的利口酒搭配酸酸的果汁==，造就甜而不膩的迷人滋味。

金巴利蘇打
（Campari Soda）

`輕` `清爽` `食前`

〔材料〕
金巴利 30ml ／蘇打水 120ml ／檸檬片

將 金巴利加入裝了冰塊的玻璃杯，避開冰塊倒入蘇打水，輕輕攪拌。最後加入檸檬片即完成。由於金巴利的糖度比黑醋栗利口酒低，很容易與蘇打水混合，所以輕輕攪拌即可，以免氣泡散失。

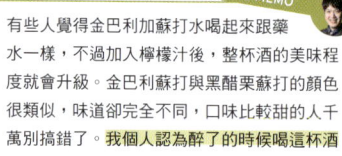

擠了檸檬，美味再翻倍

家常 MEMO

有些人覺得金巴利加蘇打水喝起來跟藥水一樣，不過加入檸檬汁後，整杯酒的美味程度就會升級。金巴利蘇打與黑醋栗打的顏色很類似，味道卻完全不同，口味比較甜的人千萬別搞錯了。==我個人認為醉了的時候喝這杯酒可以讓人清醒一些==。

泡泡雞尾酒
（Spumoni）

`輕`　`清爽`　`不限`

〔材料〕
金巴利 30ml ／葡萄柚汁 45ml ／
通寧水 90ml ／檸檬片

最大限度激發金巴利的優點

按 順序將金巴利、葡萄柚汁、通寧水加入裝了冰塊的玻璃杯，輕輕攪拌。最後放入檸檬片即完成。

家常 MEMO
這是一杯能最大限度激發金巴利優點的雞尾酒，也是「泡泡雞尾酒系列」的原點，從此衍生出了各式各樣的雞尾酒，**相當具有歷史意義**。任何酒類只要搭配葡萄柚和通寧水，調出來保證好喝。

金巴利葡萄柚
（Campari Grapefruit）

`輕`　`清爽`　`不限`

〔材料〕
金巴利 30ml ／葡萄柚汁 120ml ／檸檬片

將 金巴利和葡萄柚汁加入裝了冰塊的玻璃杯充分攪拌，最後放入檸檬片即完成。

不愛氣泡感的人喝這杯

家常 MEMO
喝了泡泡雞尾酒就知道，金巴利搭配葡萄柚的味道有多麼出色。不喜歡氣泡感的人，我推薦這杯金巴利葡萄柚，同樣能充分享受到金巴利的風味。如果你是第一次喝金巴利，這杯酒會比金巴利蘇打還要適合。

補充小知識
金巴利的材料包含了苦橙、芫荽、龍膽根等約莫六十種材料。

121

直調法 雞尾酒／利口酒 基底

美國佬（Americano）

`普通` `清爽` `乾杯`

〔材料〕
金巴利 30ml ／甜香艾酒 30ml ／
蘇打水 90ml ／檸檬片

將 金巴利和甜香艾酒加入裝了冰塊的玻璃杯，充分攪拌。避開冰塊倒入蘇打水，輕輕攪拌。最後加入檸檬片即完成。

> 金巴利平衡了甜

家常 MEMO
金巴利和甜香艾酒都屬於餐前酒，因此這杯酒很適合聚會一開始乾杯時飲用。酒譜可以想成金巴利蘇打多加了甜香艾酒，喝起來層次更豐富。甜香艾酒，顧名思義帶有甜味，剛好可以和金巴利的苦相互平衡，兩者也能襯托出彼此的優點。

錯誤的內格羅尼（Negroni Sbagliato）

`普通` `清爽` `食前`

〔材料〕
金巴利 30ml ／甜香艾酒 5ml ／
氣泡酒 120ml

將 金巴利和甜香艾酒加入裝了冰塊的古典杯攪拌。接著加入氣泡酒輕輕混合。

> 陰差陽錯下誕生的美味雞尾酒

家常 MEMO
這杯酒是內格羅尼的變化版。「Sbagliato」在義大利語中的意思是「錯誤的」，這個名字來自一樁製作內格羅尼時錯將普羅賽克氣泡酒（prosecco）當成琴酒加入的意外。如果喝膩了美國佬，不妨試試這杯將蘇打水換成氣泡酒的變化版。

宙斯（Zeus）

`重` `清爽` `不限`

〔材料〕
金巴利 40ml ／伏特加 20ml

將 金巴利和伏特加倒入裝了冰塊的古典杯，充分攪拌均勻。

家常 MEMO

這杯雞尾酒只是單純混合了金巴利和伏特加，其口感相當強烈，**適合追求強勁口感的人**。伏特加基本上無味無臭，喜歡金巴利的朋友如果想喝烈一點的東西時不妨試試。**不過幾乎沒有人會在酒吧點這杯酒。**

點了會讓人刮目相看的雞尾酒

卡魯哇牛奶（Kahlúa Milk）

`輕` `甜` `餐後`

〔材料〕
卡魯哇咖啡利口酒 30ml ／牛奶 120ml

將 卡魯哇倒入裝了冰塊的玻璃杯，輕輕地加入牛奶，在分層的狀態下端給客人，喝的時候再攪拌均勻。

點綴不同風味可以增添不同樂趣！

家常 MEMO

這杯雞尾酒也是經典中的經典，有名到**不行**。簡單來說，喝起來就像加了酒的咖啡牛奶。卡魯哇很甜，不喜歡喝咖啡的人也能接受。這杯酒和黑醋栗牛奶一樣，用搖盪的方式調製也不錯。此外，還可以撒點肉桂粉之類的東西，增添風味的變化。

補充小知識

甜香艾酒是在白葡萄酒中加入香草植物與香料做成的香料葡萄酒。

123

直調法 雞尾酒／利口酒 基底

墨西哥潘趣
(Mexico Punch)

普通　甜　不限

〔材料〕
卡魯哇咖啡利口酒 30ml ／檸檬汁 10ml ／
薑汁汽水 120ml ／檸檬片

將卡魯哇和檸檬汁加入裝了冰塊的玻璃杯，充分攪拌。然後慢慢倒入薑汁汽水，輕輕攪拌。最後放入檸檬片即完成。

家常 MEMO

在眾多使用卡魯哇調製的雞尾酒當中，這杯酒算是相當有名。薑汁汽水＋檸檬是前面介紹的黃金公式之一，相信任何人喝起來都會覺得很順口。卡魯哇配薑汁汽水聽起來或許有點詭異，但其實**卡魯哇搭配氣泡飲料的味道都不錯**，搭配薑汁汽水也很契合。

「黃金公式」之一

卡魯哇崔斯特
(Kahlúa Twist)

普通　甜　不限

〔材料〕
卡魯哇咖啡利口酒 30ml ／
可樂 120ml ／檸檬片

將卡魯哇和可樂倒入裝了冰塊的玻璃杯，輕輕攪拌。最後放入檸檬片即完成。

家常 MEMO

卡魯哇可樂加一片檸檬，就成了卡魯哇崔斯特。**卡魯哇＋可樂的味道出奇地棒**，如果你不討厭氣泡飲料，不妨當作被我騙了，務必試試看這個組合。每次喝卡魯哇都是配牛奶未免有些可惜，不妨多嘗試其他不一樣的喝法。

只知道卡魯哇牛奶未免太可惜！

咖啡卡魯哇
（CaféKahlúa）

`普通` `甜` `餐後`

〔材料〕
卡魯哇咖啡利口酒 20ml ／熱咖啡 150ml ／
砂糖 2tsp ／打發鮮奶油

將 卡魯哇、熱咖啡、砂糖加入杯中攪拌，最後讓打發鮮奶油漂浮在表面。

> 咖啡 × 咖啡！適合當作「最後一杯」

家常 MEMO
咖啡 × 咖啡是絕對不會出問題的組合。由於卡魯哇具有甜味，所以這杯酒喝起來像是有甜味的咖啡，<u>可以想像成餐後咖啡的感覺</u>。有些人上酒吧也會點來當作最後一杯。

卡魯哇莓果
（Kahlúa Berry）

`普通` `甜` `餐後`

〔材料〕
卡魯哇咖啡利口酒 20ml ／
覆盆子利口酒 30ml ／
牛奶 120ml

將 卡魯哇和覆盆子利口酒加入裝了冰塊的古典杯，最後倒入牛奶。在分層的狀態下端給客人，喝的時候依自身喜好攪拌飲用。

> 依個人喜好「攪拌攪拌」

家常 MEMO
卡魯哇的甜味結合覆盆子的酸味，形成這杯<u>口感均衡的美味雞尾酒</u>。這也是酒吧裡很多人喜歡的雞尾酒，兩種材料互相烘托了彼此的特色。

> **補充小知識**
> 覆盆子利口酒上的標示常寫作法文的「Framboise」，英文則是「Raspberry」。

直調法 雞尾酒／利口酒 基底

綠色可爾必思
（Green Calpis）

`輕` `甜` `不限`

〔材料〕
蜜多麗 20ml／可爾必思 30ml／
蘇打水 120ml

先 將蜜多麗和可爾必思加入裝了冰塊的玻璃杯充分攪拌，再慢慢加入蘇打水，然後輕輕攪拌。可依喜好放上薄荷裝飾。

大人喝的可爾必思

家常 MEMO
簡單來說，這杯酒就是加了酒的哈蜜瓜可爾必思汽水。以前蜜多麗的原料都是用日本靜岡縣生產的哈蜜瓜，品質很好，因而成為風靡全球的日本利口酒。這杯雞尾酒可以享受到蓬鬆的泡沫口感。

甜瓜球（Melon Ball）

`普通` `甜` `不限`

〔材料〕
蜜多麗 40ml／伏特加 20ml／
柳橙汁 120ml／檸檬片

將 蜜多麗與伏特加倒入裝了冰塊的玻璃杯充分攪拌，然後加入柳橙汁，輕輕攪拌。最後放入檸檬片即完成。

伏特加一舉集中了風味

家常 MEMO
蜜多麗加柳橙汁就足以構成一杯雞尾酒，但這樣喝起來很像果汁，欠缺酒感。加入伏特加可以增加酒精濃度，又不會影響原本的味道。

蜜多麗泡泡雞尾酒
（Midori Spumoni）

`輕` `清爽` `不限`

〔材料〕
蜜多麗 30ml ／葡萄柚汁 45ml ／
通寧水 90ml ／檸檬片

將蜜多麗與葡萄柚汁倒入裝了冰塊的玻璃杯充分攪拌，接著輕輕加入通寧水，避免氣泡散失，然後輕輕攪拌。最後放入檸檬片即完成。

> 家常 MEMO
>
> 這杯酒屬於葡萄柚汁＋通寧水的「泡泡雞尾酒系列」，保證好喝。蜜多麗調成泡泡雞尾酒的形式堪稱完美。酸甜滋味交融得恰到好處，形成清爽的口感，大力推薦各位嘗嘗看。

保證好喝的「泡泡雞尾酒系列」

西西里之吻
（Sicilian Kiss）

`重` `甜` `餐後`

〔材料〕
南方安逸利口酒 40ml ／
杏仁利口酒 20ml

將南方安逸與杏仁利口酒倒入裝了冰塊的古典杯，充分攪拌。

滿滿的水果風味精華！

> 家常 MEMO
>
> 南方安逸是以波本威士忌為基底製成的水蜜桃利口酒，其中的材料還包含檸檬、香草植物與多種水果，直接加冰也很好喝。這杯雞尾酒還加了杏仁利口酒，酒精度數偏高，但甜美可口。

補充小知識

蜜多麗是一種哈密瓜利口酒。每個牌子的哈密瓜利口酒因使用原料的品種與含量差異，香氣也很不一樣。

127

直調法 雞尾酒／利口酒 基底

南方安逸薑汁汽水（SoCo Ginger）

`輕`　`甜`　`不限`

〔材料〕
南方安逸利口酒 30ml／
薑汁汽水 120ml／檸檬片

先將南方安逸倒入杯中，與冰塊融水混合均勻，再慢慢倒入薑汁汽水並輕輕攪拌。最後放入檸檬片即完成。

> 「喝膩常見雞尾酒」的人務必了解這份美味

家常 MEMO
這是我很喜歡的雞尾酒之一。我個人認為南方安逸不太適合搭配可樂，如果要搭配氣泡飲料，只能搭配薑汁汽水。這杯雞尾酒推薦給不常喝雞尾酒的人，還有喝膩了黑醋栗柳橙等常見雞尾酒的人，希望大家喝了能更加了解雞尾酒的美味。

棒球場（Ballpark）

`普通`　`甜`　`不限`

〔材料〕
南方安逸利口酒 30ml／
田納西威士忌 15ml／
蘇打水 120ml／檸檬片

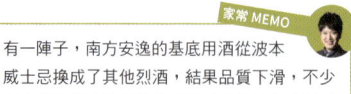

將南方安逸與田納西威士忌加入裝了冰塊的玻璃杯充分攪拌。輕輕倒入蘇打水，輕輕攪拌，最後放入檸檬片即完成。

> 憑美味平息所有噓聲

家常 MEMO
有一陣子，南方安逸的基底用酒從波本威士忌換成了其他烈酒，結果品質下滑，不少日本消費者也為此送上噓聲（現在已經改回波本威士忌了）。這杯雞尾酒就是當時為了對抗這項改變的產物。

覆盆子卡魯哇
（Framboise Kahlúa）

`普通`　`甜`　`餐後`

〔材料〕
覆盆子利口酒 30ml ／
卡魯哇咖啡利口酒 20ml ／牛奶 120ml

依序將覆盆子利口酒與卡魯哇加入裝了冰塊的古典杯並充分攪拌，最後慢慢倒入牛奶。在分層的狀態下端給客人，喝的時候依喜好自行攪拌。

家常 MEMO
黑醋栗利口酒在日本相當受歡迎，不過我認為覆盆子酒也非常美味，希望大家能夠了解它的魅力。覆盆子利口酒比黑醋栗利口酒酸，色澤也更加鮮豔。相較於卡魯哇＋黑醋栗＋牛奶，這杯酒的材料搭配上更加契合。

讓人充分體會到覆盆子的巨大潛力

覆盆子葡萄柚
（Framboise Grapefruit）

`輕`　`甜`　`不限`

〔材料〕
覆盆子利口酒 30ml ／
葡萄柚汁 120ml ／
檸檬片

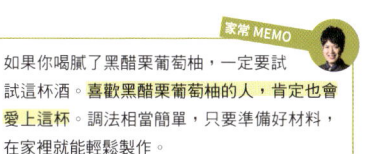

將覆盆子利口酒和葡萄柚汁倒入裝了冰塊的玻璃杯充分攪拌。最後放入檸檬片即完成。

喜歡黑醋栗葡萄柚的人一定喜歡這一杯！

家常 MEMO
如果你喝膩了黑醋栗葡萄柚，一定要試試這杯酒。喜歡黑醋栗葡萄柚的人，肯定也會愛上這杯。調法相當簡單，只要準備好材料，在家裡就能輕鬆製作。

補充小知識
南方安逸是在蒸餾酒裡面加入水果、香料與香草植物製成的利口酒。

直調法 雞尾酒／利口酒 基底

覆盆子蜜桃可爾必思
（Framboise Peach Calpis）

輕　甜　餐後

〔材料〕
覆盆子利口酒 30ml／水蜜桃利口酒 15ml／可爾必思 15ml／蘇打水 120ml

將 覆盆子利口酒、水蜜桃利口酒、可爾必思加入裝了冰塊的玻璃杯攪拌，然後慢慢加入蘇打水，最後輕輕攪拌。

家常 MEMO

黑醋栗可爾必思非常有名，喝的人也很多。這杯酒則是將黑醋栗利口酒換成覆盆子利口酒。水蜜桃利口酒補充了覆盆子的酸味層次，再加上甜甜的可爾必思與蘇打水，稍微抑制覆盆子的酸味，這種有趣的組合調出來相當好喝。

我就是故意要用「覆盆子利口酒」！

覆盆子蛇吻
（Raspberry Snake Bite）

普通　甜　不限

〔材料〕
覆盆子利口酒 30ml／
黑醋栗利口酒 15ml／啤酒 180ml

將 覆盆子利口酒和黑醋栗利口酒加入杯中攪拌均勻。倒入啤酒直到滿杯。

覺得「黑醋栗啤酒太甜」的話試試這杯

家常 MEMO

有一杯雞尾酒叫黑醋栗啤酒，但有些人可能會覺得喝起來太甜。額外再加入帶酸味的覆盆子利口酒可以減少一些甜膩感，讓整杯酒喝起來更加可口。

滾球（Boccie Ball）

`普通`　`甜`　`不限`

〔材料〕
杏仁利口酒 30ml ／柑橘利口酒 30ml ／
蘇打水 120ml ／柳橙片／糖漬櫻桃

將 杏仁利口酒、柑橘利口酒加入裝了冰塊的玻璃杯，充分攪拌。接著倒入蘇打水，輕輕攪拌。最後用柳橙片和糖漬櫻桃裝飾即完成。

> **家常 MEMO**
> 這是一杯非常有名的雞尾酒。杏仁利口酒和柑橘利口酒的組合本來就很好喝，加入蘇打水後又多了一分清爽感，變得更好喝。「滾球」是一種在草地上打保齡球的遊戲，這杯酒的名稱就是取自這項活動。

氣泡增添了清爽感

杏仁薑汁汽水（Amaretto Ginger）

`輕`　`甜`　`不限`

〔材料〕
杏仁利口酒 30ml ／薑汁汽水 120ml ／
檸檬片

將 杏仁利口酒和薑汁汽水加入裝了冰塊的玻璃杯輕輕攪拌。最後放入檸檬片即完成。

> **家常 MEMO**
> 杏仁薑汁汽水是最近非常多人點的雞尾酒，味道就是杏仁加薑的感覺，簡單好喝，尾韻也很舒服。只要不討厭杏仁豆腐的味道，無論是年輕女性還是中老年男性都會喜歡這杯雞尾酒。

喜歡杏仁豆腐的人必喝

補充小知識
很多酒吧會自製薑汁汽水，不妨嘗嘗看每一間店的味道有什麼差別。

131

〔酒吧須知！第一次進酒吧就上手〕Column 2

很多人第一次上酒吧時，可能很煩惱需要注意哪些言行舉止。了解以下一些酒吧禮儀，就能避免自己頭一次上酒吧時出糗。

禮儀1：不可以吵吵鬧鬧

即使是跑了當天的第二、第三間酒吧，已經喝醉的情況下，在店裡大聲嚷嚷一樣有失禮儀。此外，應盡量避免隨便搭訕其他客人。雖然電影和電視劇裡面經常出現「這是那位客人請的」之類的場景，但建議現實中別這麼做。另外，乾杯時不要杯子碰杯子，只要輕輕舉杯即可。

禮儀2：不可以隨意入座

調酒師需要控管整間店的氛圍。因此客人進入酒吧後不要隨意入座，請等待店裡的人帶位。如果店家表示「有位子都可以坐」，那麼店裡沒什麼人的時候，推薦選擇吧台邊緣的位子，可以將店內情況盡收眼底。不過，有些店家的常客可能習慣坐在吧台邊緣的座位，因此入座前不妨禮貌性詢問一下調酒師「可不可以坐這裡」。

禮儀3：不可以亂摸東西、擅自拍照

如果想要觸碰店內物品，一定要徵求店家許可。千萬不要亂摸店裡的東西，以免碰倒甚至造成毀損。另外，最近有很多客人喜歡拿智慧型手機拍攝雞尾酒，不過最好還是先徵求店家的同意，以免造成無謂的糾紛。

禮儀4：一定要點飲品

每個人至少要點一杯飲品，不要只點一杯和朋友分著喝。短飲雞尾酒建議在10分鐘內喝完，長飲雞尾酒則建議20～30分鐘內喝完。店裡客人多的時候，快快喝完快快離開比較上道。

以上簡單介紹了幾項酒吧禮儀。確實遵守禮儀，注重禮貌，那麼酒吧對任何人來說都是個友善的地方。只要好好觀察店裡的狀況，採取適當的行動，相信你也會覺得酒吧待起來很舒適。具備基礎知識並事先調查好店家資訊，就不會出大錯。別抱頭煩惱了，直接走進酒吧一探究竟吧。

Chapter

4

讓自己看起來帥上九成？
從今天開始學會搖盪法

相信很多人聽到雞尾酒，
都會想到搖著雪克杯調出來的酒。
這一章會介紹各式各樣
搖盪法雞尾酒。

搖盪法 雞尾酒／琴酒 基底

白色佳人（White Lady）

`普通` `清爽` `不限`

〔材料〕
琴酒 30ml ／君度橙酒 15ml ／檸檬汁 15ml

將 琴酒、君度橙酒、檸檬汁加入裝了冰塊的雪克杯，搖盪後倒入玻璃杯即完成。

黃金公式的「原始起點」

家常 MEMO
在所有琴酒基底的搖盪法雞尾酒中，白色佳人是最受歡迎的一杯。君度橙酒配檸檬汁是經典不敗的組合，白色佳人也正是「酒＋君度橙酒＋檸檬汁」這項黃金公式的基礎酒譜。據說發明這杯酒的人是世界首本雞尾酒書的作者、偉大的調酒師哈利・麥克艾爾宏（Harry MacElhone）。

藍月（Blue Moon）

`重` `清爽` `不限`

〔材料〕
琴酒 30ml ／
完美愛情利口酒（Parfait d'amour）15ml ／
檸檬汁 15ml

將 琴酒、完美愛情利口酒、檸檬汁加入裝了冰塊的雪克杯，搖盪後倒入玻璃杯即完成。

「可以喝的香水」隱含了什麼訊息？

家常 MEMO
完美愛情利口酒令這杯酒呈現出相當漂亮的顏色，而且香氣宜人，因此深受女性喜愛。「藍月」是指西曆中一個月裡面出現的第二次滿月，象徵「稀奇的事物」、「罕見的狀況」，因此也衍生出「無果戀情」的意涵。據說有人會點這杯酒來婉拒對方的告白。

粉紅佳人（Pink Lady）

普通　　甜　　不限

〔材料〕
琴酒 45ml ／紅石榴糖漿 15ml ／
檸檬汁 1tsp ／蛋白 1 顆份

事 先用奶泡機將蛋白打發。將打發的蛋白、琴酒、紅石榴糖漿、檸檬汁加入裝了冰塊的雪克杯，搖盪後倒入玻璃杯即完成。

家常 MEMO

這杯雞尾酒有 200 年以上的歷史。當時英國倫敦有一齣名為「Pink Lady」的舞台劇，這杯酒正是在該舞台劇最後一場演出後的慶功宴，特地設計來獻給參與演出的女演員，因此取作與舞台劇相同的名稱。紅石榴糖漿很甜，能柔化琴酒的刺激感，使這杯雞尾酒喝起來更順口。不過要注意的是，**如果沒有將蛋白充分搖開會變得很難喝**，所以搖盪一定要做得確實一點。

搖盪！搖盪！搖盪！加了蛋白就是要瘋狂搖盪！

琴蕾（Gimlet）

偏重　　俐落　　餐後

〔材料〕
琴酒 45ml ／萊姆糖漿 15ml

將 琴酒、萊姆糖漿加入裝了冰塊的雪克杯，搖盪後倒入玻璃杯即完成。

俐落有勁的存在感

家常 MEMO

據說這杯酒最早是英國海軍為了在長途航程中補充維生素 C 而喝的飲品。原本只是將琴酒與萊姆簡單混合，甚至不加冰塊。不過到了 19 世紀末，開始以搖盪方式調製，變得更加精緻。琴蕾與白色佳人都是**以琴酒為基底的搖盪法雞尾酒代表**。

補充小知識

完美愛情利口酒是一種紫羅蘭利口酒，帶有紫羅蘭、玫瑰、香草、杏仁的香氣。

135

搖盪法 雞尾酒／琴酒 基底

自由享用「世界」的滋味

環遊世界
（Around The World）

重　　甜　　餐後

〔材料〕
琴酒 40ml ／綠薄荷利口酒 10ml ／
鳳梨汁 10ml ／薄荷櫻桃

將 琴酒、綠薄荷利口酒、鳳梨汁加入裝了冰塊的雪克杯，搖盪後倒入玻璃杯。最後用薄荷櫻桃裝飾即完成。

家常 MEMO

雖然酒譜上明確寫出了琴酒、薄荷利口酒、鳳梨汁的比例，但也可以根據飲用者的口味自由調整。這杯酒源自一場紀念飛機環遊世界航線開通的雞尾酒比賽，是那場比賽的優勝作品，因此取作「環遊世界」，象徵繞行世界一周的概念。

藍色珊瑚礁

重　　有點甜　　不限

〔材料〕
琴酒 40ml ／綠薄荷利口酒 20ml ／
砂糖少許／紅櫻桃

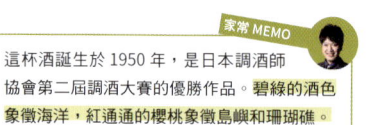

將 琴酒、綠薄荷利口酒、砂糖加入裝了冰塊的雪克杯，搖盪後倒入玻璃杯。最後放入紅櫻桃裝飾即完成。

喝酒還能欣賞「清涼風景」

家常 MEMO

這杯酒誕生於 1950 年，是日本調酒師協會第二屆調酒大賽的優勝作品。碧綠的酒色象徵海洋，紅通通的櫻桃象徵島嶼和珊瑚礁。

136

墨西哥佬（Mexicano）

`普通`　`甜`　`餐後`

〔材料〕
琴酒 30ml ／杏仁利口酒 15ml ／
草莓利口酒 15ml ／
柳橙汁 60ml

將 琴酒、杏仁利口酒、草莓利口酒加入雪克杯，和冰塊一同搖盪，倒入裝了冰塊的玻璃杯。然後加入柳橙汁，輕輕攪拌一下，最後放上裝飾即完成。

「甜美可愛」就是魅力所在

家常 MEMO
這杯酒在 1990 年墨西哥調酒師大賽的長飲雞尾酒組獲得了第一名。琴酒乾爽的口感配上杏仁與草莓利口酒的甜味，再加上柳橙汁，喝起來甜美又充滿果香，<u>不太敢喝酒的人也能輕鬆享用</u>。

蘿莉塔

`偏重`　`清甜`　`不限`

〔材料〕
琴酒 40ml ／水蜜桃利口酒 10ml ／
萊姆汁 15ml ／紅櫻桃

將 琴酒、水蜜桃利口酒、萊姆汁加入雪克杯，和冰塊一同搖盪後倒入玻璃杯。最後放入紅櫻桃裝飾。

我可不是「空有可愛」喔！

家常 MEMO
這杯酒是位於東京四谷三丁目的酒吧「BARPigalle」的原創雞尾酒。以琴酒、水蜜桃利口酒和萊姆汁調製，喝起來甜而不膩，漂亮的外觀也令人印象深刻。

補充小知識　調製環遊世界時，可以根據個人喜好調整綠薄荷利口酒和鳳梨汁的比例。

137

搖盪法 雞尾酒／琴酒 基底

早上來一杯!! 牛奶和檸檬簡直是絕配。

會館費斯

普通　甜　不限

〔材料〕
琴酒 45ml ／牛奶 30ml ／檸檬汁 15ml ／
糖漿 1 tsp ／蘇打水 60ml

將 琴酒、牛奶、檸檬汁、糖漿加入裝了冰塊的雪克杯，搖盪後倒入裝了冰塊的杯子。然後慢慢加入蘇打水，最後依喜好裝飾檸檬片或薄荷葉即完成。

家常 MEMO

這杯雞尾酒誕生於丸之內的東京會館，該地過去是美國軍官的社交場所。這杯雞尾酒又稱晨間雞尾酒，據說起初之所以加入牛奶，是為了避免別人覺得自己一大早就在喝酒而做的偽裝。

5517

普通　甜　餐後

〔材料〕
琴酒 30ml ／蜜多麗 15ml ／
萊姆汁 15ml ／
白薄荷利口酒 2dash ／薄荷

將 琴酒、蜜多麗、萊姆汁、白薄荷利口酒和冰塊一起搖盪後倒入玻璃杯。可以根據個人喜好放上薄荷葉裝飾。

想不想來杯「銀座的夜晚」？

家常 MEMO

銀座有一間 90 年歷史的老字號餐廳「三笠會館」，提供日式、法式、義式、中式等各國料理。這杯酒就是該餐廳內部酒吧「Bar5517」的原創雞尾酒。蜜多麗、萊姆汁與白薄荷利口酒形成非常均衡的風味。

神風（Kamikaze）

`偏重` `俐落` `不限`

〔材料〕
伏特加 45ml ／君度橙酒 1tsp ／
萊姆汁 15ml

> **將** 伏特加、君度橙酒、萊姆汁和冰塊加入雪克杯，搖盪後倒入裝了冰塊的古典杯。

就是要這種「銳利感」

家常 MEMO
這杯雞尾酒名字來自日本的神風特攻隊，但其實是美國發明的雞尾酒。據說是因為美國人覺得這杯酒喝起來就像神風特攻隊的攻勢一樣銳利，所以才取這個名字。

海洋微風（Sea Breeze）

`普通` `甜` `不限`

〔材料〕
伏特加 30ml ／葡萄柚汁 60ml ／
蔓越莓汁 60ml

> **將** 伏特加、葡萄柚汁、蔓越莓汁加入裝了冰塊的雪克杯，搖盪後倒入玻璃杯即完成。可依喜好放入檸檬片裝飾。這杯酒基本上是用搖盪法調製，但有時也會直接在長飲杯中調製。

讓人神往「美國西岸」的味道

家常 MEMO
這杯酒在 1970～1980 年代的美國西岸掀起了一陣風潮。材料包含葡萄柚汁和蔓越莓汁，口感十分清爽，感覺就像「夏日微風」，尤其受到女性喜愛。

搖盪法 雞尾酒／**伏特加** 基底

補充小知識
「費斯」（fizz）即基酒加上糖漿、檸檬汁、蘇打水這三項要素所調製的雞尾酒類型。

性感海灘
（Sex On The Beach）

`普通`　`甜`　`餐後`

〔材料〕
伏特加 15ml ／哈密瓜利口酒 20ml ／
覆盆子利口酒 10ml ／鳳梨汁 80ml

將 伏特加、哈密瓜利口酒、覆盆子利口酒和冰塊一起加入雪克杯，搖盪後倒入裝了冰塊的玻璃杯，再倒入鳳梨汁即完成。可以按個人喜好加入檸檬片、鳳梨片、薄荷裝飾。

家常 MEMO
這杯雞尾酒出現於湯姆克魯斯主演的電影《雞尾酒》（Cocktail）而在日本聲名大噪。覆盆子利口酒的酸甜加上鳳梨汁的甜味，結合哈密瓜利口酒的香氣，讓人感受到熱帶風情。

感受這份「熱情」吧

俄羅斯三角琴
（Balalaika）

`重`　`俐落`　`不限`

〔材料〕
伏特加 30ml ／君度橙酒 15ml ／
檸檬汁 15ml

將 伏特加、君度橙酒、檸檬汁加入裝了冰塊的雪克杯，搖盪後倒入玻璃杯即完成。

家常 MEMO
從酒譜便可以看出這杯雞尾酒是白色佳人的衍生雞尾酒。君度橙酒加檸檬汁的黃金公式十分順口，不過喝到後面伏特加就會開始發威，小心別喝醉。順帶一提，俄羅斯三角琴是一種民俗樂器。這杯酒的口感相當俐落。

通透又俐落的口感

雪國

「意境」與「風味深度」的絕妙平衡

> 重　又甜又烈　不限

〔材料〕
伏特加 40ml ／君度橙酒 20ml ／
萊姆汁 2tsp ／砂糖／
薄荷櫻桃／鹽口雪花杯

杯 口沾上砂糖，製作雪花杯。將伏特加、君度橙酒、萊姆汁加入裝了冰塊的雪克杯，搖盪後倒入玻璃杯。最後放入薄荷櫻桃裝飾即完成。

家常 MEMO

這杯雞尾酒在 1958 年三得利調酒大賽中榮獲第一名，是山形縣傳奇調酒師井山計一的創作。甜味與酸味的平衡非常完美，口感極佳，深受廣大酒客喜愛。

藍色潟湖
（BlueLagoon）

> 普通　清爽　不限

〔材料〕
伏特加 30ml ／藍柑橘利口酒 20ml ／
檸檬汁 20ml ／
柳橙片（檸檬片）／糖漬櫻桃

將 伏特加、藍柑橘利口酒、檸檬汁加入裝了冰塊的雪克杯，搖盪後倒入裝了冰塊的玻璃杯。最後放上裝飾即完成。

用喝的「美景」

家常 MEMO

這杯雞尾酒誕生於 1960 年的巴黎，表現出了「藍色潟湖」的模樣。藍柑橘利口酒鮮豔的藍色，搭配裝飾用的檸檬片和糖漬櫻桃，使這杯雞尾酒十分上鏡。

補充小知識　柑橘利口酒（Curaçao，亦音譯為庫拉索酒）是一種具有橙皮、柑橘香氣的利口酒，加了藍色色素便成了藍柑橘利口酒。

141

搖盪法 雞尾酒／伏特加 基底

蛋黃與鮮奶油帶你進入「世外桃源」

阿卡迪亞（Arcadia）

普通　甜　餐後

〔材料〕
伏特加 15ml／蜜多麗 15ml／
卡魯哇咖啡利口酒 15ml／
鮮奶油 15ml／蛋黃 1 顆／巧克力碎片／薄荷

先將蛋黃確實打散。將伏特加、蜜多麗、卡魯哇咖啡利口酒、鮮奶油、蛋黃加入裝了冰塊的雪克杯，充分搖盪後倒入玻璃杯。最後撒上巧克力碎片，放上薄荷裝飾即完成。

家常 MEMO

這杯酒是日本調酒師新橋清先生的創作，獲得 1993 年芬蘭伏特加（Finlandia）國際調酒比賽的甜點組優勝。「阿卡迪亞」在希臘語中意謂著「世外桃源」。這杯酒味道濃郁、甜美無比，對愛吃甜食的人來說無疑是一座世外桃源。

密林歡愛（Sex In The Woods）

普通　甜　餐後

〔材料〕
伏特加 45ml／杏仁利口酒 20ml／
媞亞瑪麗亞咖啡利口酒 15ml／
鳳梨汁 80ml

將伏特加、杏仁利口酒、媞亞瑪麗亞咖啡利口酒與冰塊一起加入雪克杯，搖盪後倒入裝了冰塊的玻璃杯，再用鳳梨汁補滿杯子即完成。

感受一下這「黯暗的熱情」

家常 MEMO

這杯酒是「性感海灘」的改編版，同樣使用了鳳梨汁，不過搭配的是杏仁利口酒和媞亞瑪麗亞咖啡利口酒，顏色比較黯淡，所以名稱裡的場景才從海灘換成森林。

安眠酮（Quaallude）

`普通` `甜` `餐後`

〔材料〕
伏特加 30ml ／富蘭葛利榛果利口酒 15ml ／
貝禮詩奶酒 15ml

將 伏特加、富蘭葛利榛果利口酒、貝禮詩奶酒加入裝了冰塊的雪克杯，搖盪後倒入玻璃杯即完成。

不為人知的極品才是最棒的！

家常 MEMO
這杯雞尾酒雖然不太有名，但味道絕對堪稱極品。榛果利口酒提供了堅果風味，貝禮詩奶酒則帶來奶油風味，**堅果配奶油**，這樣的組合絕對不可能出問題。

希望（Espoir）

`普通` `甜` `不限`

〔材料〕
伏特加 30ml ／杏桃利口酒 30ml ／
薑汁汽水 120ml ／萊姆

將 伏特加、杏桃利口酒與冰塊一起加入雪克杯，搖盪後倒入裝了冰塊的玻璃杯，再加入薑汁汽水。最後放上萊姆即完成。

別被柔順口感騙了！其實我很有分量！

家常 MEMO
杏桃薑汁汽水再加入伏特加，提高了這杯酒的濃度，雖然喝起來很順口，卻也有一定的分量。「Espoir」是法文的「希望」，也有其他同名不同譜的雞尾酒。現在比較常見的是加入柳橙汁的酒譜。

補充小知識　最有名的咖啡利口酒品牌莫過於卡魯哇。媞亞瑪麗亞則是義大利生產的咖啡利口酒。

143

搖盪法 雞尾酒／蘭姆酒 基底

何以號稱「最好喝的雞尾酒」？

XYZ

`偏重` `俐落` `不限`

〔材料〕
蘭姆酒 30ml ／君度橙酒 15ml ／
檸檬汁 15ml

將 蘭姆酒、君度橙酒、檸檬汁與冰塊一起加入雪克杯，搖盪後倒入玻璃杯即完成。

家常 MEMO
這杯是君度橙酒＋檸檬汁的白色佳人系列雞尾酒，保證好喝。喜歡蘭姆酒本身尾韻的人，比起白色佳人或俄羅斯三角琴，我更推薦這一杯。「XYZ」是英文最後的三個字母，象徵著「再也沒有能超越它的雞尾酒了」。

古巴人（Cuban）

`有點重` `有點甜` `不限`

〔材料〕
蘭姆酒 35ml ／杏桃利口酒 15ml ／
萊姆汁 10ml ／紅石榴糖漿 1 tsp

將 蘭姆酒、杏桃利口酒、萊姆汁、紅石榴糖漿加入裝了冰塊的雪克杯，搖盪後倒入玻璃杯即完成。

「濃郁」的成熟氛圍

家常 MEMO
「Cuban」的意思是「古巴的」、「古巴人的」。古巴是蘭姆酒的知名產地，而這杯酒就是主打這一點。杏桃利口酒甘醇的香氣與紅石榴糖漿鮮豔的紅色，營造出成熟的氛圍。

珊瑚（Coral）

`普通` `甜` `不限`

〔材料〕
蘭姆酒 30ml ／杏桃利口酒 10ml ／
葡萄柚汁 10ml ／
檸檬汁 10ml

將蘭姆酒、杏桃利口酒、葡萄柚汁、檸檬汁與冰塊一起加入雪克杯，搖盪後倒入玻璃杯即完成。

適合各種場合的果汁感雞尾酒

家常 MEMO
這是一杯充滿果香與果汁感的人氣雞尾酒。杏桃利口酒的甜味搭配葡萄柚汁和檸檬汁後變得清爽，適合各種場合與搭餐飲用。

百萬富翁一號（Millionaire#1）

`普通` `甜` `餐後`

〔材料〕
蘭姆酒 15ml ／杏桃利口酒 15ml ／
黑刺李琴酒 15ml ／萊姆汁 15ml ／
紅石榴糖漿 1 tsp

將蘭姆酒、杏桃利口酒、黑刺李琴酒、檸檬汁、紅石榴糖漿加入裝了冰塊的雪克杯，搖盪後倒入玻璃杯即完成。

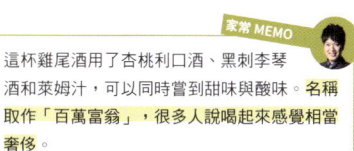

「大富翁」的奢侈滋味

家常 MEMO
這杯雞尾酒用了杏桃利口酒、黑刺李琴酒和萊姆汁，可以同時嘗到甜味與酸味。名稱取作「百萬富翁」，很多人說喝起來感覺相當奢侈。

補充小知識
黑刺李琴酒（sloe gin）不算一種「琴酒」，而是黑刺李（sloeberry）利口酒。

搖盪法 雞尾酒／蘭姆酒 基底

感受酸酸甜甜的「熱風」

哈瓦那海灘
（Havana Beach）

普通　甜　不限

〔材料〕
蘭姆酒 30ml ／鳳梨汁 30ml ／
砂糖 1 tsp

將 蘭姆酒、鳳梨汁、砂糖與冰塊一起加入雪克杯，搖盪後倒入玻璃杯即完成。

家常 MEMO

這杯雞尾酒的名字來自蘭姆酒知名產地──古巴的首都哈瓦那。蘭姆酒加鳳梨汁，喝起來果香四溢，充滿熱帶風情。

暮光區
（TwilightZone）

普通　甜　不限

〔材料〕
蘭姆酒 30ml ／葡萄柚汁 30ml ／
杏桃利口酒 1 tsp ／黑醋栗利口酒 1/2tsp ／
紅櫻桃

將 蘭姆酒、葡萄柚汁、杏桃利口酒、黑醋栗利口酒與冰塊一起加入雪克杯，搖盪後倒入玻璃杯。可依個人喜好放入紅櫻桃裝飾。

享用入口即化的「暮光」

家常 MEMO

這杯雞尾酒是日本調酒師毛利隆雄的作品，於 1984 年日本調酒師協會舉辦的調酒比賽中榮獲創意組第一名。不僅色調獨特，甜度也恰到好處，非常順口。

瑪格麗特（Margarita）

重　　俐落　　不限

〔材料〕
龍舌蘭 30ml ／君度橙酒 15ml ／
萊姆汁 15ml ／鹽口雪花杯

杯口沾上鹽巴，做成雪花杯。將龍舌蘭、君度橙酒、萊姆汁與冰塊一起加入雪克杯，搖盪後倒入玻璃杯即完成。

連帶喝下「背後的悲傷」

家常 MEMO

在所有龍舌蘭基底的搖盪法雞尾酒中，這杯酒是世上最有名的。1949 年由美國人尚杜拉薩（Jean Durasa）發明，並於該年美國國家雞尾酒競賽中入圍，就此流傳開來。據說這杯酒的名字是為了紀念他年輕時的愛人瑪格麗特，她在某次狩獵時因為中了流彈而不幸喪命。

鬥牛士（Matador）

普通　　甜　　不限

〔材料〕
龍舌蘭 30ml ／鳳梨汁 45ml ／
萊姆汁 15ml

將龍舌蘭、鳳梨汁、萊姆汁加入裝了冰塊的雪克杯，搖盪後倒入裝了冰塊的玻璃杯即完成。可依喜好放上鳳梨片裝飾。

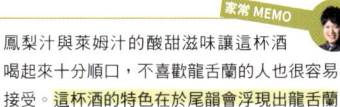

勇武厚重的龍舌蘭雞尾酒

家常 MEMO

鳳梨汁與萊姆汁的酸甜滋味讓這杯酒喝起來十分順口，不喜歡龍舌蘭的人也很容易接受。這杯酒的特色在於尾韻會浮現出龍舌蘭的優點。許多龍舌蘭雞尾酒的名字都與鬥牛有關，除了這杯鬥牛士，還有「猛牛」（Brave Bull）、「騎馬鬥牛士」（Picador）。

搖盪法 雞尾酒／龍舌蘭 基底

補充小知識

以柳橙果皮製成的柑橘利口酒稱作庫拉索酒（Curaçao），君度橙酒就是其中之一。

搖盪法 雞尾酒／龍舌蘭 基底

彷彿永遠翠綠的清爽口感

常青（Evergreen）

`普通`　`甜`　`餐後`

〔材料〕
龍舌蘭 30ml ／ GET 27 薄荷利口酒 15ml ／
加利安諾 10ml ／ 鳳梨汁 90ml ／
鳳梨片／糖漬櫻桃／櫻桃薄荷

將冰塊、龍舌蘭、薄荷利口酒、加利安諾、鳳梨汁加入雪克杯，搖盪後連同冰塊一起倒入杯中。放上鳳梨片、櫻桃等裝飾物即完成。

家常 MEMO
這杯雞尾酒的特色在於果香濃郁且口感清新。加利安諾和薄荷利口酒等藥草類利口酒增添了清涼感。這杯酒稀奇的是**明明帶著熱帶風情，尾韻卻相當清爽**。

仿聲鳥（Mockingbird）

`有點重`　`又甜又烈`　`餐後`

〔材料〕
龍舌蘭 30ml ／ GET 27 薄荷利口酒 15ml ／
萊姆汁 15ml

將龍舌蘭、薄荷利口酒、萊姆汁加入裝了冰塊的雪克杯，搖盪後倒入玻璃杯即完成。

薄荷風味柔化了強烈口感

家常 MEMO
仿聲鳥是墨西哥當地的一種鳥，取這個名稱是因為材料以龍舌蘭為基底，且顏色呈現漂亮的綠色。龍舌蘭的尾韻常常會讓人覺得太強烈，但加入薄荷的香氣（薄荷利口酒）會柔和許多，萊姆汁也幫助整體口感達到平衡。

冰到透心涼，喝到最後一滴都美味

黑刺李龍舌蘭
（Sloe Tequila）

`普通` `清爽` `不限`

〔材料〕
龍舌蘭 30ml／黑刺李琴酒 15ml／
萊姆汁 15ml

在 古典杯中裝入碎冰。將龍舌蘭、黑刺李琴酒、萊姆汁與冰塊一起加入雪克杯搖盪，連同冰塊倒入杯中即完成。

家常 MEMO
黑刺李琴酒與龍舌蘭的味道十分合拍。自己在家調這杯時，可以事先將龍舌蘭放冷凍庫、黑刺李琴酒冷藏，這樣碎冰就不容易融化，整杯酒從頭到尾都能保持美味。

破冰船（Icebreaker）

`普通` `清爽` `不限`

〔材料〕
龍舌蘭 30ml／君度橙酒 15ml／
葡萄柚汁 40ml／
紅石榴糖漿 5ml

將 龍舌蘭、君度橙酒、葡萄柚汁、紅石榴糖漿與冰塊一起加入雪克杯，搖盪後倒入裝了冰塊的玻璃杯即完成。

所有材料「打成一片」

家常 MEMO
材料包含君度橙酒，喝起來有種類似龍舌蘭柳橙的清新橙香。紅石榴糖漿的主要功用是調色。「破冰」也有「打成一片」的意思，而這杯酒的所有材料也確實打成了一片，喝起來十分順口。

補充小知識
加利安諾是一種混合了杜松子、薰衣草、胡椒薄荷等香草植物與香料的利口酒。

149

搖溫法 雞尾酒／龍舌蘭 基底

高雅的葡萄柚＋荔枝

伯爵夫人（Contessa）

`普通` `清甜` `不限`

〔材料〕
龍舌蘭 30ml／荔枝利口酒 10ml／
葡萄柚汁 20ml

將 龍舌蘭、荔枝利口酒、葡萄柚汁加入裝了冰塊的雪克杯，搖盪後倒入玻璃杯即完成。

家常 MEMO
「Contessa」是義大利語的「伯爵夫人」。葡萄柚汁與荔枝是絕配，再加上龍舌蘭的甜美香氣，使得這杯酒風味平衡，甜味富含層次。

提華納櫻桃
（Tijuana Cherry）

`普通` `甜` `餐後`

〔材料〕
龍舌蘭 30ml／櫻桃白蘭地 30ml／
檸檬汁 15ml

將 龍舌蘭、櫻桃白蘭地、檸檬汁與冰塊一起加入雪克杯，搖盪後倒入玻璃杯即完成。

櫻桃與檸檬意外合拍

家常 MEMO
櫻桃白蘭地與檸檬汁相當契合，先用這兩者組合出甜味，再加上龍舌蘭的甘香，形成一杯甜美的雞尾酒。龍舌蘭與櫻桃白蘭地用量相同，因此龍舌蘭的刺激感並不明顯，喝起來感覺甜甜的。

魔幻巴士（Magic Bus）

`普通` `清爽` `不限`

〔材料〕
龍舌蘭 40ml ／君度橙酒 20ml ／
蔓越莓汁 30ml ／
柳橙汁 15ml

將 龍舌蘭、君度橙酒、蔓越莓汁、柳橙汁與冰塊一同搖盪，倒入杯中即完成。

擷取了龍舌蘭的優點！

家常 MEMO
這杯雞尾酒的君度橙酒加了 20ml，以基酒為 40ml 的龍舌蘭來說算挺多的。此外還加入了柳橙汁與蔓越莓汁，龍舌蘭的香氣只會淡淡浮現。這杯雞尾酒的水果風味比較鮮明，適合喝龍舌蘭喝到第二階段的人嘗嘗看。

夏娃的蜜桃
（Eve's Peach）

`普通` `清甜` `不限`

〔材料〕
龍舌蘭 40ml ／水蜜桃汁 20ml ／
柳橙汁 30ml ／檸檬汁 15ml

將 龍舌蘭、水蜜桃汁、柳橙汁、檸檬汁加入裝了冰塊的雪克杯，搖盪後倒入玻璃杯即完成。

看似主打水果，其實藏了龍舌蘭

家常 MEMO
所有龍舌蘭雞尾酒都追求一件事，就是只凸顯出龍舌蘭的優點。如果單純用龍舌蘭搭配果汁或利口酒，味道會很不平衡，因此必須先用適合搭配的材料調出底味。像這杯酒就是先用水蜜桃＋柳橙汁調出「禁果」的底味，然後再加入龍舌蘭，並用檸檬調整味道。製作原創雞尾酒時，按照這種原則創作一定好喝。

補充小知識
將伯爵夫人中的葡萄柚換成粉紅葡萄柚，就會變成粉紅伯爵夫人（PinkContessa）。

151

搖盪法 雞尾酒／威士忌 基底

邱吉爾（Churchill）

重　　淡雅　　不限

〔材料〕
蘇格蘭威士忌 30ml ／君度橙酒 10ml ／
甜香艾酒 10ml ／檸檬汁 10ml

將 蘇格蘭威士忌、君度橙酒、甜香艾酒、檸檬汁加入裝了冰塊的雪克杯，搖盪後倒入玻璃杯即完成。

無庸置疑的高雅雞尾酒

家常 MEMO
據說這杯雞尾酒是為了向二戰時期的英國首相邱吉爾致敬。雖然邱吉爾給人一種無畏的形象，不過這杯酒的味道卻十分細膩高雅。君度橙酒＋檸檬汁的完美組合，加上甜香艾酒補充甜味，想要調得難喝也沒辦法。

紐約（New York）

重　　又甜又烈　　不限

〔材料〕
波本威士忌 45ml ／萊姆汁 15ml ／
紅石榴糖漿 1/2tsp ／
砂糖 1 tsp ／橙皮

將 波本威士忌、萊姆汁、紅石榴糖漿、砂糖與冰塊一起加入雪克杯，搖盪後倒入玻璃杯。最後放入橙皮即完成。

說到美國就想到威士忌！看到「夕陽」了嗎？

家常 MEMO
這杯酒的色澤象徵著紐約的晚霞。據說創作靈感來自豪華郵輪傍晚出航時，乘客在船上眺望紐約的夜景。這杯酒可以想成將琴蕾中的琴酒換成威士忌，並加入紅石榴糖漿來模擬夕陽的色彩。酒精濃度強，但清爽易飲。

152

高帽（High Hat）

普通　清甜　不限

〔材料〕
波本威士忌 40ml ／櫻桃白蘭地 10ml ／
葡萄柚汁 10ml ／檸檬果汁 1 tsp

將 波本威士忌、櫻桃白蘭地、葡萄柚汁、檸檬汁與冰塊一起加入雪克杯，搖盪後倒入玻璃杯即完成。

教你如何「裝腔作勢」

家常 MEMO

「High hat」一詞也包含「自大的人」、「裝腔作勢的人」的意思。波本威士忌與櫻桃白蘭地十分合拍，檸檬汁則平衡了整體的味道。喝的時候可以確實嘗到波本威士忌的風味，也能嘗到櫻桃白蘭地的甜味與檸檬的酸味，比起「紐約」更能感受到威士忌的優點，十分推薦。

白花三葉草（Shamrock）

重　偏倒落　不限

〔材料〕
愛爾蘭威士忌 30ml ／不甜香艾酒 30ml ／
夏翠絲（綠）3dash ／ GET 27 薄荷利口酒 3dash

將 愛爾蘭威士忌、不甜香艾酒、夏翠絲（綠）、薄荷利口酒加入裝了冰塊的雪克杯，搖盪後倒入玻璃杯即完成。

你有辦法享受這杯「怪胎」嗎!?

家常 MEMO

這是一杯來自愛爾蘭的雞尾酒，「白花三葉草」是愛爾蘭的國花。材料包含薄荷利口酒與夏翠絲等藥草類利口酒，味道比較複雜，有些人喝起來可能會覺得有負擔。而且酒精感很重，不甜香艾酒又沒有甜味，因此算是一杯門檻挺高的雞尾酒。

補充小知識　夏翠絲（Chartreuse）是以水果蒸餾酒為基底製作的藥草類利口酒。

153

寂寞心靈
（Lonely Hearts）

`普通` `清甜` `不限`

〔材料〕
波本威士忌 45ml ／杏桃利口酒 10ml ／
檸檬汁 10ml ／紅石榴糖漿 5ml ／
安格仕苦精 1 dash

將 波本威士忌、杏桃利口酒、檸檬汁、紅石榴糖漿、安格仕苦精與冰塊一起加入雪克杯，搖盪後倒入玻璃杯即完成。

家常 MEMO

這杯酒融合了波本威士忌的甘甜、杏桃利口酒的清甜、檸檬汁的酸味、紅石榴糖漿的甜味，最後再加入安格仕苦精點綴苦味，整體風味平衡無比。這杯雞尾酒很小眾，**不過甜味、酸味、苦味的平衡極佳。**

搖盪法／雞尾酒／威士忌基底

整體平衡堪稱完美

諾曼第傑克
（Normandy Jack）

`重` `清甜` `不限`

〔材料〕
傑克丹尼威士忌 45ml ／卡爾瓦多斯 20ml ／
檸檬汁 15ml ／糖漿 10ml

將 傑克丹尼威士忌、卡爾瓦多斯、檸檬汁、糖漿加入裝了冰塊的雪克杯，搖盪後倒入玻璃杯即完成。

家常 MEMO

這杯酒使用了傑克丹尼威士忌和卡爾瓦多斯（Calvados，一種蘋果白蘭地），香氣非常迷人。再加入檸檬汁的酸與糖漿的甜，形成一種清新的甜味；尾韻還有蘋果白蘭地的爽口感，是一份架構十分完整的酒譜。雖然這杯酒很小眾，但我個人非常喜歡。

好甜！好甜！……喝到最後反而好暢快！

艾爾卡彭
（Alphonse Capone）

普通　甜　餐後

〔材料〕
波本威士忌 25ml ／柑曼怡 15ml ／
哈密瓜利口酒 10ml ／鮮奶油 10ml

將 波本威士忌、柑曼怡、哈蜜瓜利口酒、鮮奶油與冰塊一起加入雪克杯，搖盪後倒入玻璃杯即完成。由於材料含鮮奶油，請務必搖盪均勻。

> 想不到喝起來這麼綿密

家常 MEMO
這杯雞尾酒的名稱源自美國禁酒令時代（1920～1933）的黑幫艾爾卡彭（Alphonse Gabriel Capone）。聽名字感覺起來很烈，但其實喝起來甜美綿密，又能充分感受到波本威士忌的香氣。女性也能帥氣地點這杯酒來喝。這杯酒同樣很小眾，但我十分推薦。

威士忌酸酒
（Whisky Sour）

普通　清爽　不限

〔材料〕
威士忌 45ml ／檸檬汁 20ml ／
糖漿 5ml ／檸檬片（或柳橙片）／
紅櫻桃

將 威士忌、檸檬汁、糖漿加入裝了冰塊的雪克杯搖盪後倒入玻璃杯，放上檸檬片（或柳橙片）、紅櫻桃裝飾即完成。也可以不放裝飾物。

> 酒譜千變萬化。展現廣大胸襟的經典風範

家常 MEMO
這杯酒的酒譜有很多種版本，有些酒譜會加入蛋白，使口感更加圓潤。如果加入蛋白，搖盪之前記得先用奶泡機將蛋白打散。如果沒有奶泡機，也可以先不加冰塊搖盪一次，然後再加入冰塊進行第二次搖盪。

> 補充小知識　卡爾瓦多斯是法國諾曼第地區生產的蘋果蒸餾酒。

155

搖盪法 雞尾酒／威士忌基底・白蘭地基底

颶風（Hurricane）

偏重　清爽　餐後

〔材料〕
威士忌 15ml ／乾口琴酒 15ml ／
白薄荷利口酒 15ml ／檸檬汁 15ml

將 威士忌、乾口琴酒、白薄荷利口酒、檸檬汁與冰塊一起加入雪克杯，搖盪後倒入玻璃杯即完成。

這一杯「保證能喝醉」！

家常 MEMO
這杯雞尾酒的威士忌、乾口琴酒、薄荷利口酒的比例為 1：1：1，一入口就能感受到清新的味道。不過酒感比較重，真的就像颶風一樣能讓人迅速產生醉意。

側車（Sidecar）

重　又甜又烈　不限

〔材料〕
白蘭地 30ml ／君度橙酒 15ml ／
檸檬汁 15ml

將 白蘭地、君度橙酒、檸檬汁加入裝了冰塊的雪克杯，搖盪後倒入玻璃杯即完成。

誕生秘話聊不完。一飲「老派經典」

家常 MEMO
提到白蘭地基底的搖盪法雞尾酒，不得不提「側車」。這杯酒的酒譜以基酒：君度橙酒：檸檬汁＝ 2：1：1，相當老派。據說側車誕生於 1900 年左右的倫敦，誕生秘話與創作故事多不勝數，是一杯非常受歡迎的雞尾酒，而且絕對好喝，大家一定要試試看。

古巴雞尾酒（Cuban Cocktail）

`重` `甜` `不限`

〔材料〕
白蘭地 30ml／杏桃利口酒 15ml／萊姆汁 15ml

將 白蘭地、杏桃利口酒、萊姆汁與冰塊一起加入雪克杯，搖盪後倒入玻璃杯即完成。

> 家常 MEMO
>
> 常有人將這杯酒與蘭姆酒基底的古巴人搞混，大家也要多注意。白蘭地搭配杏桃利口酒和萊姆汁，形成柔順的口感。如果你不太喜歡側車，這杯酒可能更對你口味。

順口無比的白蘭地基底調酒

亞歷山大（Alexander）

`普通` `甜` `餐後`

〔材料〕
白蘭地 30ml／棕色可可利口酒 15ml／鮮奶油 15ml

將 白蘭地、棕色可可利口酒、鮮奶油和冰塊一起加入雪克杯，搖盪後倒入玻璃杯即完成。由於材料包含鮮奶油，記得充分搖盪均勻。

> 家常 MEMO
>
> 據說這是英國國王愛德華七世獻給愛妃亞歷山大的雞尾酒。這杯酒在日本同樣是很有名的餐後甜點酒，我店裡也常有人點來喝。國王當初是為了喝不了酒的王妃而特別做成甜甜的雞尾酒，所以不太會喝酒或不喜歡白蘭地的人也很適合喝這一杯。

可可與鮮奶油重磅出擊！

> 補充小知識
>
> 棕色可可利口酒是深色的利口酒，味道像是帶點苦味的黑巧克力。

157

搖盪法 雞尾酒／**白蘭地** 基底

針刺（Stinger）

`重` `俐落` `餐後`

白薄荷利口酒造就的清涼感

〔材料〕
白蘭地 40ml ／白薄荷利口酒 20ml

將 白蘭地和白薄荷利口酒加入裝了冰塊的雪克杯，搖盪後倒入玻璃杯即完成。

家常 MEMO
「Stinger」的意思是「針」，這杯酒的味道就和名字一樣銳利。既可以享受到白蘭地的厚重口感，也能感受到白薄荷利口酒刺激的清涼感。在家喝的時候，採用直調法的方式，將材料直接倒入古典杯也不賴；喝的時候建議加冰塊，才能慢慢品嘗。

奧林匹克（Olympics）

`普通` `有點甜` `不限`

〔材料〕
白蘭地 20ml ／君度橙酒 20ml ／柳橙汁 20ml

將 白蘭地、君度橙酒、柳橙汁與冰塊一起加入雪克杯，搖盪後倒入玻璃杯即完成。

柳橙烘托出白蘭地的風味

家常 MEMO
這杯知名雞尾酒誕生於巴黎高級飯店「麗茲飯店」（Hôtel Ritz Paris），以紀念1900年巴黎奧運，名稱也直接取作「奧林匹克」。柳橙汁可以中和帶苦味的柑橘利口酒（君度橙酒），白蘭地則帶來濃郁的口感和尾韻，整體十分平衡。這杯酒用直調法製作也很好喝。

櫻花（Cherry Blossom）

`偏重` `甜` `不限`

〔材料〕
白蘭地 30ml ／櫻桃白蘭地 30ml ／
君度橙酒、紅石榴糖漿、檸檬汁各 2dash

將 白蘭地、櫻桃白蘭地、君度橙酒、紅石榴糖漿、檸檬汁和冰塊一起加入雪克杯，搖盪後倒入玻璃杯即完成。

家常 MEMO

這杯雞尾酒的創作者為橫濱知名酒吧「Paris」的老闆田尾多三郎。雖然酒名取作櫻花，<u>不過顏色與其說是日本的櫻花，更接近美國的櫻桃</u>，或許是因為當初還沒有材料能調出粉紅色的酒。這杯酒用了大量的櫻桃白蘭地，所以白蘭地的韻味要到尾段才慢慢浮現。以櫻桃白蘭地為主的雞尾酒相當少見。

春天以外的季節也能賞櫻花

床笫之間（Between The Sheets）

`重` `又甜又烈` `就寢前`

〔材料〕
白蘭地 20ml ／白色蘭姆酒 20ml ／
君度橙酒 20ml ／檸檬 1tsp

將 白蘭地、白色蘭姆酒、君度橙酒、檸檬汁加入裝了冰塊的雪克杯，搖盪後倒入玻璃杯即完成。

家常 MEMO

這杯雞尾酒的名字就是「上床」，顧名思義，是一杯適合睡前飲用的雞尾酒。雖然酒精濃度較高，但味道酸酸甜甜，口感柔順，喝起來很輕鬆。其實這杯酒就是知名的「側車」再加蘭姆酒，相信大家應該不難想像味道是什麼樣子吧。

適合睡前來上一杯

補充小知識　白薄荷利口酒是外觀透明的胡椒薄荷風味利口酒。

159

搖盪法 雞尾酒／白蘭地 基底

「甜得剛剛好」很重要對吧？

驚喜箱
（Jack In The Box）

普通　　甜　　不限

〔材料〕
卡爾瓦多斯 45ml ／鳳梨汁 30ml ／
檸檬汁 15ml ／安格仕苦精 2dash

將卡爾瓦多斯、鳳梨汁、檸檬汁、安格仕苦精與冰塊一起加入雪克杯，搖盪後倒入玻璃杯即完成。

家常 MEMO

卡爾瓦多斯即蘋果白蘭地。這杯酒加了鳳梨汁和檸檬汁，因此充滿果香，尾韻也十分清爽，喝起來很順口。水果類雞尾酒很容易調得太甜，所以重點是加入安格仕苦精，讓整杯酒變得甜而不膩。

皮斯可酸酒（Pisco Sour）

普通　　清甜　　不限

〔材料〕
皮斯可 60ml ／檸檬汁 20ml ／糖漿 15ml ／
蛋白 1 顆／安格仕苦精 4drop ／肉桂粉

如果有奶泡機，先將蛋白打發，再將所有材料與冰塊一起加入雪克杯，搖盪後倒入玻璃杯。如果沒有奶泡機，則要充分搖盪，確保蛋白與其他材料混合均勻。酒液倒入玻璃杯後，再滴上幾滴安格仕苦精，並撒上肉桂粉即完成。

透過這杯酒品嘗當紅的皮斯可！

家常 MEMO

皮斯可（pisco）蒸餾完後是放在瓶中熟成，因此呈現透明無色。這種烈酒早期是儲存在一種叫作皮斯可（pisko）的陶器，並從皮斯可港出口，因而得名。而這杯酒是**秘魯的國民雞尾酒**。據說正是因為有了皮斯可酸酒，全球的皮斯可產量才得以大幅增加。

蛋酸酒（Egg Sour）

`普通` `甜` `餐後`

〔材料〕
白蘭地 30ml ／君度橙酒 20ml ／
檸檬果汁 20ml ／砂糖 1tsp ／雞蛋 1 顆

先 用奶泡機將雞蛋打散，然後將白蘭地、君度橙酒、檸檬汁、砂糖、雞蛋與冰塊一起加入雪克杯，搖盪後倒入玻璃杯即完成。

> 美味的秘訣在於將雞蛋搖勻

家常 MEMO
雞蛋一定要與其他材料充分混合，萬一沒有混合好會產生蛋腥味。如果還不熟練搖盪的動作，自己在家調酒時建議避開這杯酒。**這杯酒需要酸味，請使用現榨的檸檬汁，而不是加工好的市售檸檬汁。**

綠色蚱蜢（Grasshopper）

`普通` `甜` `餐後`

〔材料〕
白可可利口酒 20ml ／ GET 27 薄荷利口酒 20ml ／
鮮奶油 20ml

將 白可可利口酒、綠薄荷利口酒、鮮奶油加入裝了冰塊的雪克杯，搖盪後倒入玻璃杯即完成。可依個人喜好放上薄荷裝飾。

> 今晚最後就用這一杯「收尾」！

家常 MEMO
綠色蚱蜢這個名字來自雞尾酒的顏色，與味道無關。薄荷的清香與可可的香氣相互呼應，是一款比起用喝的，**可能更適合好好享受香氣的雞尾酒**。鮮奶油讓這杯酒喝起來十分滑順，上酒吧時適合當作收尾時的甜點飲用。

搖盪法 雞尾酒／**白蘭地**基底・**利口酒**基底

補充小知識 皮斯可是秘魯生產的透明葡萄蒸餾酒。

161

搖盪法 雞尾酒／利口酒 基底

滋味出乎意料地「細膩」？

金色凱迪拉克
（Golden Cadillac）

`普通` `甜` `餐後`

〔材料〕
加利安諾 20ml／白可可利口酒 20ml／
鮮奶油 20ml

將 加利安諾、白可可利口酒、鮮奶油與冰塊一起加入雪克杯，搖盪後倒入玻璃杯即完成。

> 家常 MEMO
> 這杯酒和綠色蚱蜢一樣，都用了白可可利口酒和鮮奶油，但**加利安諾的藥草風味讓整杯酒的甜味更加複雜**，喝起來更有雞尾酒的感覺。「凱迪拉克」是高級車的品牌，象徵著這杯酒的味道堪稱極品。

查理卓別林
（Charlie Chaplin）

`普通` `清甜` `不限`

〔材料〕
黑刺李琴酒 20ml／杏桃利口酒 20ml／
檸檬汁（果汁）20ml

將 黑刺李琴酒、杏桃利口酒、檸檬汁加入裝了冰塊的雪克杯，搖盪後倒入裝了冰塊的杯子。

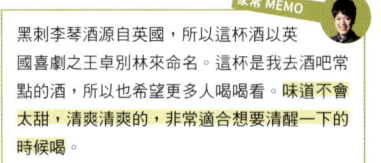

喜劇之王不是蓋的！說到親民捨我其誰？

> 家常 MEMO
> 黑刺李琴酒源自英國，所以這杯酒以英國喜劇之王卓別林來命名。這杯是我去酒吧常點的酒，所以也希望更多人喝喝看。味道不會太甜，清爽清爽的，非常適合想要清醒一下的時候喝。

紫羅蘭費斯
（Violet Fizz）

`普通`　`清爽`　`不限`

〔材料〕
紫羅蘭利口酒 20ml ／琴酒 30ml ／
檸檬汁 15ml ／糖漿 10ml ／
蘇打水 75ml ／薄荷櫻桃／檸檬片

穿透鼻腔的「紫羅蘭」香氣

將 蘇打水以外的材料與冰塊一起加入雪克杯，搖盪後倒入裝了冰塊的杯子。加入蘇打水至滿杯，最後用薄荷櫻桃和檸檬片裝飾即完成。

家常 MEMO
這杯酒一喝就能感受到紫羅蘭的香氣。琴酒則讓整體風味更集中，同時提高了酒精濃度；再加上蘇打水，喝起來十分清爽。特別推薦給不喜歡喝太甜的人。這杯酒顏色漂亮，外觀上也很吸引人。

乒乓

`普通`　`清爽`　`不限`

〔材料〕
黑刺李琴酒 30ml ／紫羅蘭利口酒 30ml ／
檸檬 1tsp

將 黑刺李琴酒、紫羅蘭利口酒、檸檬汁加入裝了冰塊的雪克杯，搖盪後倒入玻璃杯即完成。

最強雙打登場！

家常 MEMO
「黑刺李琴酒」的李子味與「紫羅蘭利口酒」的紫羅蘭風味十分合拍。加入一點檸檬汁可以稍微調味並確保兩者的平衡。這杯酒將兩種利口酒的特色清楚地強調了出來。

補充小知識：白可可利口酒除了有牛奶巧克力的味道，還帶有一點香草和杏桃的風味。

163

搖盪法 雞尾酒／利口酒基底

喝一口就飛到南國！今晚也謝啦！

馬魯魯（Maruru）

`普通` `果香四溢` `餐後`

〔材料〕
蜜多麗 45ml／伏特加 30ml／
鳳梨汁 60ml／
檸檬汁 10ml／椰奶 20ml／
萊姆、哈蜜瓜、花

具 有熱帶風情的杯子裡裝入碎冰。將蜜多麗、伏特加、鳳梨汁、檸檬汁、椰奶加入裝了冰塊的雪克杯，搖盪後倒入事先準備好的杯子，再放上花和萊姆等裝飾即完成。

家常 MEMO
材料包含哈蜜瓜利口酒（蜜多麗）、鳳梨汁、椰奶，顯然充滿了熱帶風情，只要喝一口就能感受到南國的氣氛。「馬魯魯」是大溪地語的「謝謝」，但這杯酒的誕生地點並不是大溪地，而是日本。

好萊塢之夜（Hollywood Night）

`普通` `果香四溢` `不限`

〔材料〕
馬里布 45ml／蜜多麗 15ml／
鳳梨汁 15ml

將 馬里布、蜜多麗、鳳梨汁與冰塊一起加入雪克杯，搖盪後倒入玻璃杯即完成。

感受一下爽朗的「南風」

家常 MEMO
這杯酒結合了馬里布（椰子利口酒）、蜜多麗（哈密瓜利口酒）和鳳梨汁，喝起來有滿滿的水果風味。這種組合呈現的南國風情與果香簡直無可挑剔。

楊貴妃

`普通` `清爽` `不限`

〔材料〕
荔枝利口酒 10ml ／桂花陳酒 30ml ／
葡萄柚汁 20ml ／
藍柑橘利口酒 1tsp

將 荔枝利口酒、桂花陳酒、葡萄柚汁、藍柑橘利口酒加入裝了冰塊的雪克杯，搖盪後倒入玻璃杯即完成。

> 閉上眼彷彿就能看見「璀璨夜皇宮」

家常 MEMO

這杯雞尾酒可是數一數二有名的利口酒基底雞尾酒，源自日本東京四季酒店的酒吧，**材料用了桂花陳酒，十分罕見**。由於楊貴妃喜歡荔枝，因此這杯用了荔枝利口酒的雞尾酒便以她命名。另一杯知名雞尾酒「中國藍」（China Blue）也是由此衍生出來的作品。

Master 的 喃喃自語

時機與場合也是調酒上的重要元素

在酒吧裡喝雞尾酒時，通常短飲型雞尾酒要在 10 分鐘左右喝完，長飲型雞尾酒則要在 20 分鐘左右喝完。如果要在酒吧待上一小時，點個 3 杯左右的雞尾酒比較得體。

酒吧不像居酒屋，喝酒時會花時間慢慢品嘗。因此調製加蘇打水或通寧水等氣泡飲料的雞尾酒時，會細心地從冰塊的縫隙間慢慢倒入，再用吧匙輕輕提起冰塊，稍微旋轉個半圈，避免氣泡散失。

不過，調酒師也會視情況調整做法。比方說加入通寧水後攪拌得粗魯一點，第一口反而會更好喝。有些口渴的客人，第一杯點了琴通寧後可能兩三口就會喝完，所以用這種方式調製反而會讓客人更開心。

相反地，面對飯後想慢慢品嘗琴通寧的客人，調製時如果攪拌得太劇烈，氣泡就會散失得太快。所以時機與場合也是調酒上的重要元素。

再者，戶外的氣溫、客人進門時的溫度與當下的心情，都會影響喝雞尾酒時的感受。所以一杯雞尾酒最好的做法也會隨著情況改變，而這也是調酒的樂趣所在。

> **補充小知識**　馬里布（Malibu）是以加勒比海蘭姆酒為基底製成的椰子利口酒。

搖盪法 雞尾酒／利口酒 基底

好甜、好甜、好甜的酒譜

貝禮詩馬里布山崩
（Baileys Malibu Slide）

`普通`　`甜`　`餐後`

〔材料〕
貝禮詩奶酒 30ml ／
卡魯哇咖啡利口酒 30ml ／
馬里布 30ml ／肉桂粉

將 貝禮詩、卡魯哇咖啡利口酒、馬里布與冰塊一起加入雪克杯，搖盪後倒入玻璃杯即完成。最後表面撒上一些肉桂粉。

家常 MEMO

這是我非常喜歡的一杯雞尾酒，改編自「泥石流」（Mudslide），用了馬里布來調製。材料為等量的貝禮詩、卡魯哇、馬里布，是甜＋甜＋甜的組合，甜到不行，推薦當作甜點酒飲用。

Master 的喃喃自語

用廢料做成的蘭姆酒

P29 介紹過，蘭姆酒是以甘蔗為原料製成的四大烈酒之一。

過去，史稱三角貿易的奴隸買賣活動帶動了砂糖的銷量與產量增加。而如此大量砂糖貿易，也代表製造過程中剩下了大量無法精煉成砂糖的糖蜜。由於這些糖蜜直接丟棄也很可惜，於是人們拿來發酵與蒸餾，蘭姆酒就此誕生。可以說，蘭姆酒的誕生與奴隸制度下的砂糖產業息息相關。

起初，人們相信蘭姆酒具有預防壞血病的功效，因此會配給奴隸當作一種藥品或營養補給品。然而當時的蒸餾技術並不成熟，做出來的酒也不好喝。

直到 1693 年，法國修士佩爾‧拉巴（Père Labat）要求製作干邑白蘭地的技師將蒸餾技術應用於蘭姆酒，顯著改善了蘭姆酒的品質。蘭姆酒原本就是用剩餘的糖蜜製作，所以價格低廉，如今更變得美味可口，於是迅速贏得了世人的喜愛，反倒出現「為了製造蘭姆酒而生產砂糖」的狀況。

後來也有人使用 100% 的甘蔗汁製造蘭姆酒，認為這樣就不會產生任何浪費。而以這種方式製作的蘭姆酒，就是所謂的農業型蘭姆酒（Rhum Agricole）。

Chapter 5

攪拌方式對味道影響這麼大？
殺死腦細胞的攪拌法

這一章會介紹以攪拌法製作的雞尾酒。
素有雞尾酒之王稱號的馬丁尼，
就是其中的代表。

攪拌法 雞尾酒/琴酒 基底

馬丁尼（Martini）

`重` `俐落` `不限`

〔材料〕
琴酒 45ml／不甜香艾酒 15ml／橄欖

將琴酒、不甜香艾酒加入攪拌杯。攪拌完成後蓋上隔冰器，將酒液倒入雞尾酒杯。最後放入橄欖裝飾即完成。

這就是真正的雞尾酒之王！

家常 MEMO

據說馬丁尼是從琴與義演變而來的，整杯酒只有兩種材料，卻是一杯結構完整無比的傑作，人稱「雞尾酒之王」。我第一次上酒吧時就點了馬丁尼，裝得一副很內行的樣子，結果被那強烈的酒感重重擊倒，那也是一次美好的回憶呢。

老爹丁尼（Papatini）

`偏重` `俐落` `不限`

〔材料〕
琴酒 60ml／哈瓦那俱樂部 7 年 15ml／金巴利 1 tsp

將琴酒、哈瓦那俱樂部 7 年、金巴利加入攪拌杯。攪拌完成後蓋上隔冰器，將酒液倒入雞尾酒杯。

獻給我們敬愛的父親

家常 MEMO

許多名為○○馬丁尼的雞尾酒，都是馬丁尼的衍生調酒。大文豪海明威有一杯非常喜歡喝的雞尾酒叫作雙倍老爹（Papa Doble，又名海明威黛綺莉 Hemingway Daiquiri）。海明威非常喜歡蘭姆酒，而這杯酒是用海明威老爹鍾情的哈瓦那 7 年調成的馬丁尼，因此命名為老爹丁尼。

三位一體（Trinity）

`偏重` `又甜又烈` `不限`

〔材料〕
琴酒 30ml ／不甜香艾酒 30ml ／甜香艾酒 30ml

將 琴酒、不甜香艾酒、甜香艾酒加入攪拌杯。攪拌完成後蓋上隔冰器，將酒液倒入雞尾酒杯。

三位一體才能達到的滋味！力量滿盈的雞尾酒

家常 MEMO
Trinity 是基督教中三位一體的意思。這杯酒是將琴酒、不甜香艾酒、甜香艾酒以 1：1：1 的比例調和，因而取了這樣的名稱。其酒譜是在馬丁尼的基礎上再加入甜香艾酒，口感清爽，適合搭配料理。

羅莎（Rosa）

`偏重` `又甜又烈` `不限`

〔材料〕
琴酒 30ml ／不甜香艾酒 10ml ／櫻桃白蘭地 10ml

將 琴酒、不甜香艾酒、櫻桃白蘭地加入攪拌杯。攪拌完成後蓋上隔冰器，將酒液倒入雞尾酒杯。

對新手友善的第一杯攪拌法琴酒雞尾酒！

家常 MEMO
這一杯酒也是馬丁尼的變化版，多加了櫻桃白蘭地，改變了口感。櫻桃白蘭地使尾韻清爽許多。不習慣喝酒的人，與其一開始就挑戰喝馬丁尼，不妨先從這款開始嘗試。

補充小知識
如果將馬丁尼的琴酒換成龍舌蘭，就成了龍舌蘭馬丁尼；換成伏特加則是伏特加馬丁尼。

169

攪拌法 雞尾酒／琴酒 基底

馬丁尼之焰
（Flame Of Martini）

重 ・ 俐落 ・ 不限

〔材料〕
坦奎瑞琴酒（Tanqueray）60ml ／
完美愛情利口酒（Parfait d'amour）15ml ／
金巴利 15ml ／檸檬皮

將坦奎瑞琴酒、完美愛情利口酒、金巴利加入攪拌杯。攪拌完成後蓋上隔冰器，將酒液倒入雞尾酒杯。最後用檸檬皮裝飾即完成。

甜美世界的入口

家常 MEMO
這杯雞尾酒是日本調酒師堀內雅人先生的作品，1999 年於「Jardine W&S 雞尾酒競賽」的坦奎瑞組別獲得第三名，因此使用坦奎瑞琴酒才是正統的做法。坦奎瑞琴酒和金巴利的苦味，疊上完美愛情利口酒的甜香，讓人同時感受到甜美與刺激的口感。

皮卡迪利（Piccadilly）

偏重 ・ 俐落 ・ 不限

〔材料〕
琴酒 40ml ／不甜香艾酒 20ml ／
苦艾酒 1tsp ／紅石榴糖漿 1 dash

將琴酒、不甜香艾酒、苦艾酒、紅石榴糖漿加入攪拌杯。攪拌完成後蓋上隔冰器，將酒液倒入雞尾酒杯。

讓人上癮的特殊滋味？

家常 MEMO
皮卡迪利是英國倫敦的鬧區。苦艾酒的味道可能會讓有些人覺得難以入口。原本的馬丁尼味道相當單純，加入藥草風味點綴後，成了一款風味特殊的雞尾酒。

170

女沙皇（Tzarine）

偏重　偏俐落　不限

〔材料〕
伏特加 30ml ／不甜香艾酒 15ml ／
杏桃利口酒白蘭地 15ml ／
安格仕苦精 1 dash

將 伏特加、不甜香艾酒、杏桃白蘭地、安格仕苦精加入攪拌杯。攪拌完成後蓋上隔冰器，將酒液倒入雞尾酒杯。

還不磕頭品嘗「女沙皇」的尊貴！

家常 MEMO

Tzarine 的意思是俄羅斯的「女沙皇」。伏特加與不甜香艾酒的組合感覺起來很烈，不過加入杏桃白蘭地後會飄出一絲甜美香氣，正如「女沙皇」之名，尊貴典雅。

攪拌法 雞尾酒／伏特加 基底

放克綠色蚱蜢
（Funky Grasshopper）

偏重　甜　餐後

〔材料〕
伏特加 20ml ／ GET 27 薄荷利口酒 20ml ／
白可可利口酒 20ml

將 伏特加、綠薄荷利口酒、白可可利口酒加入攪拌杯。攪拌完成後蓋上隔冰器，將酒液倒入雞尾酒杯。

乾脆俐落，一飛沖天

家常 MEMO

這是攪拌版的綠色蚱蜢。搖盪法會替雞尾酒灌入空氣，使口感變得柔和；攪拌法則會讓利口酒的味道更加突出。此外，這杯酒與綠色蚱蜢不同的是材料不含鮮奶油，因此酒精濃度較高，這也是名稱多了個「放克」的理由。

補充小知識　據說 GET 27 是全球最受歡迎的薄荷利口酒品牌。

171

攪拌法雞尾酒／伏特加基底・蘭姆酒基底

要不要再游個一趟？

藍色海豚馬丁尼
（Blue Dolphin Martini）

`偏重` `又甜又烈` `不限`

〔材料〕
伏特加 45ml／藍柑橘利口酒 10ml／水蜜桃利口酒 10ml

將伏特加、藍柑橘利口酒、水蜜桃利口酒加入攪拌杯。攪拌完成後蓋上隔冰器，將酒液倒入雞尾酒杯。

家常 MEMO
這杯酒的材料都是酒，可想而知酒精濃度很高。藍柑橘利口酒的顏色十分美麗，推薦給想喝烈一點又注重時髦的人。

大總統
（El Presidente）

`普通` `又甜又烈` `不限`

〔材料〕
蘭姆酒 30ml／不甜香艾酒 15ml／君度橙酒 15ml／紅石榴糖漿 1 dash

將蘭姆酒、不甜香艾酒、君度橙酒、紅石榴糖漿加入攪拌杯。攪拌完成後蓋上隔冰器，將酒液倒入雞尾酒杯。

「總統」的靈魂全在這一杯

家常 MEMO
這杯雞尾酒誕生於墨西哥飯店「El Presidente」的內部酒吧。蘭姆酒與柑橘風味（君度橙酒）相當合拍，以攪拌法雞尾酒來說也很順口。El Presidente 是西班牙語的「總統」，想要出人頭地的人也許可以沾沾這個名字的光。

騎馬鬥牛士（Picador）

`偏重` `中甘` `餐後`

〔材料〕
龍舌蘭 30ml ／咖啡利口酒 30ml ／
檸檬皮

將 龍舌蘭與咖啡利口酒加入攪拌杯。攪拌
完成後蓋上隔冰器，將酒液倒入雞尾酒
杯。最後用檸檬皮裝飾即完成。

> 充分打開你的五官感受

家常 MEMO
由於最後使用檸檬皮增添香氣，因此喝
的時候會先聞到檸檬的香氣，緊接著是咖啡利
口酒的甜味，最後才會感受到龍舌蘭的風味。
如果用搖盪法調製，所有風味則會同時出現，
**因此這杯酒用攪拌法調製才能充分體會到風味
的精髓。**

攪拌法雞尾酒／龍舌蘭基底・威士忌基底

老友（Old Pal）

`偏重` `俐落` `食前`

〔材料〕
裸麥威士忌 20ml ／
不甜香艾酒 20ml ／金巴利 20ml

將 裸麥威士忌、不甜香艾酒、金巴利加入
攪拌杯。攪拌完成後蓋上隔冰器，將酒
液倒入雞尾酒杯。

> 情懷滿點，為今晚而生的一杯酒

家常 MEMO
請使用裸麥威士忌調製這杯酒。基本比
例是 1:1:1，不過也可以調整各個材料的比例，
享受不一樣的風味變化。「Old Pal」的意思即
「認識許久的朋友」，因此很適合在同學會或
與老朋友乾杯時喝。

173

攪拌法 雞尾酒／威士忌基底

快吻我（Kiss Me Quick）

`普通` `有點甜` `不限`

〔材料〕
蘇格蘭威士忌 30ml ／
多寶力（Dubonnet）20ml ／
覆盆子利口酒 10ml ／檸檬皮

將 蘇格蘭威士忌、多寶力、覆盆子利口酒加入攪拌杯。攪拌完成後蓋上隔冰器，將酒液倒入雞尾酒杯。可以選擇用檸檬皮裝飾。

家常 MEMO
這杯酒是日本調酒師宮尾孝宏先生的作品，於 1988 年蘇格蘭威士忌調酒比賽中奪得冠軍。這杯酒的名稱取作「快吻我」，適合與情人一起享用。由於材料包含葡萄酒製作的利口酒（多寶力）和覆盆子利口酒，因此帶有甜味，容易入口。

今宵與君共飲

曼哈頓（Manhattan）

`偏重` `又甜又烈` `不限`

〔材料〕
裸麥威士忌 30ml ／甜香艾酒 15ml ／
安格仕苦精 1dash ／檸檬皮／
糖漬櫻桃

將 裸麥威士忌、甜香艾酒、安格仕苦精加入攪拌杯。攪拌完成後蓋上隔冰器，將酒液倒入雞尾酒杯。最後放入糖漬櫻桃或用檸檬皮裝飾即完成。

家常 MEMO
這杯酒有時候也會以波本威士忌作為基酒。曼哈頓是將「琴與義」的基酒從琴酒換成裸麥威士忌的模樣。馬丁尼有「雞尾酒之王」之稱，曼哈頓則有「雞尾酒女王」的美名。這杯酒的靈感來自曼哈頓的夕陽，後來因為瑪麗蓮夢露主演的電影而聲名大噪。

這顆夕陽正是「女王的風景」

攪拌法 雞尾酒／威士忌基底・白蘭地基底

羅布羅伊（Rob Roy）

`偏重` `又甜又烈` `不限`

〔材料〕
蘇格蘭威士忌 30ml ／甜香艾酒 15ml ／
安格仕苦精 1dash ／檸檬皮／
糖漬櫻桃

小心那羅曼蒂克的甜美滋味

將 蘇格蘭威士忌、甜香艾酒、安格仕苦精加入攪拌杯。攪拌完成後蓋上隔冰器，將酒液倒入雞尾酒杯。最後放上糖漬櫻桃或以檸檬皮裝飾即完成。

家常 MEMO
這是倫敦薩佛伊飯店（Savoy Hotel）的調酒師，為每年飯店舉辦的聖安德魯斯節派對而特別設計的雞尾酒。**名稱取自蘇格蘭義賊 羅伯特 羅伊 麥格雷戈（Robert Roy MacGregor）的暱稱「紅髮羅伯特」。**

白蘭地雞尾酒（Brandy Cocktail）

`偏重` `有點甜` `不限`

〔材料〕
白蘭地 60ml ／君度橙酒 2dash ／
安格仕苦精 1 dash ／檸檬皮

品嘗白蘭地本身滋味的最佳方式

將 白蘭地、君度橙酒、安格仕苦精加入攪拌杯。攪拌完成後蓋上隔冰器，將酒液倒入雞尾酒杯。可以用檸檬皮裝飾。

家常 MEMO
光看材料就能知道，這杯酒幾乎是純白蘭地，只是加了少許君度橙酒並用安格仕苦精增添苦味。**這杯酒的訴求就是希望讓人品嘗白蘭地本身的味道。** 如果你想用雞尾酒的形式喝白蘭地，這杯酒會是不錯的選擇。

攪拌法 雞尾酒／白蘭地 基底・葡萄酒 基底

亡者復甦一號
（Ccorpse rReviver#1）

`偏重`　`甜`　`餐後`

〔材料〕
白蘭地 30ml ／蘋果白蘭地 15ml ／
甜香艾酒 15ml

將 白蘭地、蘋果白蘭地、甜香艾酒加入攪拌杯。攪拌完成後蓋上隔冰器，將酒液倒入雞尾酒杯。

> 家常 MEMO
>
> 「亡者復甦」屬於一種解醉酒（註：宿醉時喝的酒）。這一系列的雞尾酒有四個版本，這裡介紹的是「亡者復甦一號」，意思是「喝了連死者都能復活」。材料包含白蘭地、蘋果白蘭地、甜香艾酒，喝起來頗甜，當作解醉酒也很適合。

沒想到有這麼可靠的「解醉酒」！

阿多尼斯（Adonis）

`普通`　`偏俐落`　`不限`

〔材料〕
不甜雪莉酒 40ml ／甜香艾酒 20ml ／
柑橘苦精 1 dash

將 不甜雪莉酒、甜香艾酒、柑橘苦精加入攪拌杯。攪拌完成後蓋上隔冰器，將酒液倒入雞尾酒杯。

溫順口感有種美少年的風采？

> 家常 MEMO
>
> 「阿多尼斯」這個名稱源自希臘神話中阿芙蘿黛蒂（維納斯）愛上的一位美少年。這杯酒混合了不甜雪莉酒與甜香艾酒，口感相當柔順，自19世紀以來便十分受歡迎。如果將甜香艾酒換成不甜香艾酒，就成了「竹子」。

176

交響曲（Symphony）

`普通` `甜` `不限`

〔材料〕
白酒 80 ml ／水蜜桃利口酒 15ml ／
紅石榴糖漿 1 tsp ／砂糖 2tsp

將 白酒、水蜜桃利口酒、紅石榴糖漿、砂糖加入攪拌杯。攪拌完成後蓋上隔冰器，將酒液倒入雞尾酒杯。

白酒帶來清爽滋味！依喜好添加蜜桃味

家常 MEMO
這杯雞尾酒是日本調酒師中村圭三先生於 1988 年粉紅酒雞尾酒比賽獲得冠軍的作品。白酒與水蜜桃利口酒的比例可以依喜好自行調整，享受不同的風味。這杯酒算是非常具代表性的白葡萄酒雞尾酒。

攪拌法 雞尾酒／葡萄酒 基底

竹子（Bamboo）

`普通` `俐落` `不限`

〔材料〕
不甜雪莉酒 40ml ／不甜香艾酒 20ml ／
柑橘苦精 1 dash

將 不甜雪莉酒、不甜香艾酒、柑橘苦精加入攪拌杯。攪拌完成後蓋上隔冰器，將酒液倒入雞尾酒杯。

「誕生於日本」的極致清爽滋味

家常 MEMO
這杯雞尾酒是阿多尼斯的變化版，創作者為日本明治時代橫濱格蘭飯店（Grand Hotel）的經理兼調酒師，路易斯・艾平格（Louis Eppinger）。這杯雞尾酒從日本出發，隨著豪華郵輪傳遍了全球。喝起來像馬丁尼一樣清爽，在國外相當受歡迎。

補充小知識 174 頁的快吻我使用的多寶力，是一種用紅葡萄酒浸泡藥草製成的利口酒。

177

【Master HISTORY～前篇】Column 3

容我簡單聊一聊我是如何一路走來，最後當上一名調酒師的。

我大學時住在名古屋，某次在打工的連鎖壽司店負責外場工作時，接待了一對老夫婦，他們對我讚賞不已。這次經驗讓我起心動念，希望未來從事專門服務客人的工作。而我腦中閃過的職業，就是調酒師。

名古屋地鐵東山線的終點站「藤丘」可謂一座酒吧聖地。我帶著履歷直接找上當地最老字號的酒吧，請求老闆讓我在那裡工作，而我也運氣很好錄取了。雖然成功進了酒吧，不過那間店非常有名，我沒什麼機會排到班，偶爾上班也只是負責點酒，幾乎沒有什麼收穫。

在這種情況下，我心想既然沒辦法調酒，至少要在接待方面多做點事情。於是我開始在老闆忙不過來的時候，主動向客人攀談，專心讓客人記住我的名字和長相。

後來有愈來愈多客人來店裡都會問我在不在，店裡也替我排了更多班。當我一週可以排到六天班的時候，老闆表示我應該學學調酒，於是報到短短兩個月之後，老闆便開始教我如何調製飲品。

從那時起，我都從晚上6點工作到早上5點，下班後還經常跟小酒館的媽媽桑喝酒喝到第二、第三攤，喝到早上8點半，然後9點再去大學上課。雖然這樣的生活很辛苦，但還是很開心能感受到自己的成長。

大學畢業後，我原本打算直接進入酒吧工作。但付了不少錢讓我上大學的父母不能接受。他們允許我從事餐飲業，條件是至少要找間一般的公司就職。

那時大學方面的關係讓我有機會前往蘇格蘭，接觸到那裡的酒館文化。回國後，我得知日本有一家經營英式酒館的公司「HUB」，由於這間企業的母公司體質健全，我才終於得到父母的許可，進入這家公司。（待續）

Chapter 6

雖然有點麻煩,但好喝就算了!
珍藏混合法酒譜

這一章的主題是混合法雞尾酒,
也就是將碎冰與材料一起加入果汁機攪打混合而成的雞尾酒。
這裡會介紹好幾杯適合炎炎夏日的霜凍雞尾酒。

混合法雞尾酒

綠眼（Green Eyes）

普通　　甜　　餐後

〔材料〕
金色蘭姆酒 30ml ／蜜多麗 25ml ／
鳳梨汁 45ml ／椰奶 15ml ／
萊姆汁 15ml ／碎冰 1cup ／
萊姆片

將 1 杯碎冰、金色蘭姆酒、蜜多麗、鳳梨汁、椰奶、萊姆汁加入果汁機攪打混合。倒入杯中，放上萊姆片裝飾並附上吸管。

椰子＋哈密瓜，出發前往熱帶國度

家常 MEMO

這杯雞尾酒是 1984 年洛杉磯奧運的官方飲品。味道基本上和奶昔沒兩樣，不過蜜多麗讓這杯酒帶有哈密瓜的香氣。如果買不到椰奶，也可以用馬里布代替。這杯酒充滿熱帶風情，同時又具備霜凍雞尾酒的清涼感。

霜凍黛綺莉（Frozen Daiquiri）

普通　　又甜又烈　　餐後

〔材料〕
蘭姆酒 40ml ／萊姆汁 10ml ／君度橙酒 1tsp ／
砂糖 1tsp ／碎冰 1 cup ／薄荷

將蘭姆酒、萊姆汁、君度橙酒、砂糖和 1 杯碎冰加入果汁機攪打混合。倒入杯中，放上薄荷葉裝飾並附上吸管。

品嘗冰冰涼涼的「古巴滋味」！

家常 MEMO

這是知名蘭姆酒基底雞尾酒「黛綺莉」的霜凍版本，發明者為古巴哈瓦那一間酒吧「LaFloridita」的調酒師。據說海明威十分喜歡這杯雞尾酒，每天都會喝上幾十杯。這杯酒也因為他在美國的雜誌上介紹而廣為人知。

龍舌蘭日落
（Tequila Sunset）

`普通` `又甜又烈` `餐後`

〔材料〕
龍舌蘭 30ml ／檸檬汁 30ml ／
紅石榴糖漿 1tsp ／
碎冰 1cup ／萊姆

想要來勁的就交給我

將 1 杯碎冰、龍舌蘭、檸檬汁、紅石榴糖漿加入果汁機攪打混合。倒入杯中，放入萊姆裝飾並附上吸管。

家常 MEMO
這杯雞尾酒因為加了檸檬汁和紅石榴糖漿，外觀十分鮮豔。不過基酒是龍舌蘭，因此酒精濃度很高，可以增加紅石榴糖漿的用量或額外添加砂糖來調整口味。

霜凍瑪格麗特
（Frozen Margarita）

`偏重` `又甜又烈` `不限`

〔材料〕
龍舌蘭 30ml ／君度橙酒 15ml ／
萊姆汁 15ml ／砂糖 1tsp ／
碎冰 1cup ／鹽口雪花杯

杯 口沾上鹽巴，做成雪花杯。將 1 杯碎冰、龍舌蘭、君度橙酒、萊姆汁、砂糖加入果汁機攪打混合。倒入雪花杯，附上吸管。

家常 MEMO
看名字就知道，這杯酒是瑪格麗特的霜凍版本。龍舌蘭獨特的風味被萊姆汁中和。對日本人來說，霜凍雞尾酒往往會讓人聯想到甜甜的剉冰，不過霜凍瑪格麗特沒有那麼甜，口味十分清爽。我個人喜歡加入新鮮的奇異果，調成霜凍奇異果瑪格麗特。

「不甜」得剛剛好

補充小知識
據說海明威喝黛綺莉時不加糖與冰，反而會加入雙倍的蘭姆酒。

混合法 雞尾酒

貝禮詩＋卡魯哇＋香草冰淇淋

FBI

普通　　甜　　餐後

〔材料〕
伏特加 30ml ／貝禮詩奶酒 30ml ／
卡魯哇咖啡利口酒 30ml ／
香草冰淇淋 2 球／
碎冰 1cup

將 1 杯碎冰、伏特加、貝禮詩、卡魯哇、香草冰淇淋加入果汁機攪打混合。倒入杯中，放上 OREO 餅乾裝飾並附上吸管。

家常 MEMO

FBI 原本是以搖盪法調製，但現在混合法的版本較為流行。貝禮詩、卡魯哇，加上香草冰淇淋，怎麼想都好喝。這杯酒非常適合當作餐後甜點，我自己也非常喜歡。

霜凍香蕉黛綺莉
（Frozen Banana Daiquiri）

普通　　甜　　餐後

〔材料〕
蘭姆酒 30ml ／香蕉利口酒 10ml ／
檸檬汁 15ml ／糖漿 1tsp ／
新鮮香蕉 1/3 根／碎冰 1cup

將 1 杯碎冰、蘭姆酒、香蕉利口酒、檸檬汁、糖漿和香蕉加入果汁機攪打混合。倒入杯中，放上一塊香蕉裝飾並附上吸管。

香蕉打成果普更美味

家常 MEMO

新鮮香蕉讓這杯酒喝起來更像一道甜點，可以想像成加了酒的香蕉果昔。香蕉與蘭姆酒搭配起來相當合適，形成一杯非常美味的甜點酒。

杏仁鳳梨可樂達
（Amaretto Piña Colada）

> 普通　甜　餐後

〔材料〕
蘭姆酒 30ml ／杏仁利口酒 30ml ／
椰奶 10ml ／椰子糖漿 5ml ／鳳梨汁 30ml ／
芒果汁 10ml ／碎冰 1cup

將 碎冰、蘭姆酒、杏仁利口酒、椰奶、椰子糖漿、鳳梨汁、芒果汁加入果汁機攪打混合。倒入杯中，放上一片鳳梨裝飾並附上吸管。

霜凍版鳳梨可樂達!?

家常 MEMO
這裡是用乾燥鳳梨片裝飾，但當然用新鮮的鳳梨也可以。這杯雞尾酒是霜凍版的鳳梨可樂達，而且還增加了杏仁利口酒增添深度。

芒果瑪格麗特
（Mango Margarita）

> 普通　甜　餐後

〔材料〕
龍舌蘭 40ml ／君度橙酒 20ml ／
芒果 60g ／萊姆汁 15ml ／
糖漿 1tsp ／碎冰 1cup

杯 口沾上鹽巴，做成雪花杯。將碎冰、龍舌蘭、君度橙酒、芒果、萊姆汁、糖漿加入果汁機攪打混合。倒入杯中，附上吸管。

可以的話，記得用新鮮的芒果

家常 MEMO
混合法雞尾酒因為加了碎冰，味道很容易變淡，所以重點是使用大量的芒果果肉，而非芒果汁。如果使用果汁，風味將會大打折扣。

補充小知識 貝禮詩是以愛爾蘭威士忌為基底製作的奶油類利口酒。

【Master HISTORY～中篇】column 4

　　我搬到東京，進入 HUB 工作後，參加了許多雞尾酒比賽，並與一些知名酒吧的人交上了朋友。我拜託他們讓我在假日到他們店裡工作，不領薪水也沒關係，於是就這麼偷偷地在酒吧兼差（但公司其實不允許員工這麼做）。我在 HUB 這樣的普通公司學習社會人的基本素養，在知名酒吧學習正統的雞尾酒技巧，同時鍛鍊自己兩方面的技能。

　　但我可能太放縱自己了，結果被公司盯上，甚至威脅要開除我。於是我深刻反省，痛定思痛，決定專心投入 HUB 的工作，很快地當上了店長。後來 HUB 辦了一場比賽，比的是各分店的營業額、利潤、服務水準、顧客滿意度，而我在比賽中拿到了第一名。取得這項成就後，我覺得自己氣力放盡，便決定回到愛媛縣的老家。

　　回到家鄉後，我到妻子娘家在大島的河豚養殖和捕撈漁業幫忙，同時還從大島跑到今治的餐廳工作。河豚需要養殖 2 年左右才能出貨，雖然只要出貨就能賺進數千萬日圓的收入，但在出貨之前卻是長期赤字，我甚至也自掏腰包借公司周轉資金。然而就在出貨前 2～3 週，我們碰上了 30 年發生一次的紅潮，預期數千萬日圓的收入瞬間化為泡影。

　　收入和儲蓄都沒了，於是我跑去找日本水產廳求助，對方卻告訴我「沒加保險是你的錯」。正當我沮喪地離開之際，一位看過我履歷的職員給了我一項建議。他告訴我有一場創業比賽，只要我能贏得比賽，就能獲得 300 萬日圓的補助金。他說「目前也沒有其他結合漁業與餐飲業的店家」，於是我製作了企劃書並報名參加比賽，成功獲得了 300 萬日圓的補助金。

　　當然，只有 300 萬日圓並不足以從零開始打造一間店，因此我找了一間已經關閉的烏龍麵館加以翻修，保留還能用的冰箱和設備，只有吧台是全新訂做的，就這麼開了一家海鮮蓋飯專賣店。順帶一提，我開店的時候存款只剩下 7 萬日圓。（待續）

Chapter 7

隔天絕對宿醉？
高濃度偏門雞尾酒 &
經典無酒精雞尾酒

這一章會介紹五花八門的雞尾酒。
有拍起照來美翻天的雞尾酒，
也有酒精濃度高到保證一杯倒的雞尾酒。

美翻天的雞尾酒

城市珊瑚（City Coral）

`普通` `清甜` `不限`

〔材料〕
琴酒 20ml ／哈密瓜利口酒 20ml ／
葡萄柚汁 20ml ／藍柑橘利口酒 1tsp ／
通寧水適量／可樂

準 備兩個容器，其中一個裝入約 3 公分高的鹽巴，另一個倒入約 1.5 公分高的藍柑橘利口酒。先將酒杯顛倒過來浸入藍柑橘利口酒的容器，再維持顛倒的狀態直直插進鹽巴堆，然後迅速拿出來，擦掉杯內的鹽（珊瑚杯）。接著將琴酒、哈密瓜利口酒、葡萄柚汁搖盪過後倒入珊瑚杯，放入 2～3 塊冰塊，再慢慢加入通寧水即完成。

> 創下「史上最高分」的傳奇雞尾酒

家常 MEMO
這杯酒是銀座酒吧「Tender」的老闆，上田和男先生參加 1984 年雞尾酒比賽時設計的作品，創下了日本調酒師協會的史上最高分。當時還沒有「拍照打卡」的概念，上田先生卻已經擁有這樣的創意，實在令人驚訝。

春日歌劇（Spring Opera）

`重` `又甜又烈` `不限`

〔材料〕
乾口琴酒 40ml ／ Japone 櫻花利口酒 10ml ／
檸檬 1tsp ／柳橙汁 2tsp ／
薄荷櫻桃

將 乾口琴酒、Japone 櫻花利口酒、檸檬汁加入雪克杯，搖盪後倒入玻璃杯。將柳橙汁沉入杯底，最後用雞尾酒叉固定好薄荷櫻桃後放入杯中裝飾。

> 榮獲年度雞尾酒頭銜的「日本歌劇」

家常 MEMO
這杯酒的創作者為「Bar S」的店長三谷裕先生，1999 年獲頒三得利雞尾酒獎項年度雞尾酒的殊榮。那個時代還沒有漸層式雞尾酒或將櫻桃沉入酒中的創意。Japone 櫻花利口酒為這杯酒帶來了充滿日本風情的色彩，是一杯值得流傳後世的雞尾酒。

藍色火焰（Blue Blazer）

要不要稍微來「玩個火」？

`普通` `又甜又烈` `餐後`

〔材料〕
威士忌 60ml／熱水 60ml／蜂蜜 1tsp／檸檬果汁 10ml

將威士忌倒入銅杯。另外準備一個耐熱杯，加入蜂蜜、熱水和檸檬汁，攪拌均勻。接著點燃銅杯中的威士忌，運用拋接法（Throwing），將燃燒的酒液倒入另一個空銅杯（來回5～7次），然後倒入耐熱杯。

家常 MEMO

這是人稱「雞尾酒之父」的調酒師傑瑞・湯瑪斯（Jerry Thomas）於1849年發明的雞尾酒。他在紐約大都會飯店（Metropolitan Hotel）首次公開表演，讓這杯酒成了飯店的招牌。這種娛樂顧客的調酒手法可謂「花式調酒」的雛形。不過幾乎沒有人會在酒吧點這杯（笑）。

※ 不建議業餘人士嘗試。調製時請務必嚴防火災與燙傷風險。

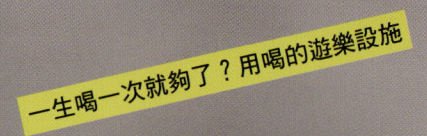

一生喝一次就夠了？用喝的遊樂設施

偏重　甜　一

〔材料〕
紅石榴糖漿 10ml ／
GET 27 薄荷利口酒 10ml ／
黑櫻桃利口酒 10ml ／
完美愛情利口酒（Parfait d'amour）10ml ／
班尼狄克丁（Bénédictine DOM）10ml ／
夏翠絲（黃）10ml ／
干邑白蘭地（軒尼詩）10ml ／
RONRICO 151 蘭姆酒　10ml

運 用吧匙背面，按照以下順序慢慢倒入每種材料，達到分層的狀態：紅石榴糖漿→ GET 27 薄荷利口酒→黑櫻桃利口酒→完美愛情利口酒→班尼狄克丁→夏翠絲（黃）→干邑白蘭地→ RONRICO 151 蘭姆酒

> 家常 MEMO
>
> 請先欣賞漂亮的分層，喝的時候再用吸管一層一層喝。不過這樣也只會喝到每一層酒各自的味道……我覺得這杯酒一生喝過一次就夠了。我並未寫出這杯酒適合飲用的時機，因為調製過程相當麻煩，如果想在酒吧點這杯酒，請挑調酒師很閒的時候再說（笑）。

普施咖啡
（Pousse Café）

池畔瑪格麗特
（PoolsideMargarita）

`偏重` `清甜` `不限`

〔材料〕
龍舌蘭 30ml ／龍舌蘭糖漿 20ml ／
檸檬汁 15ml ／ Empress 1908 琴酒 20ml

將 龍舌蘭、龍舌蘭糖漿、檸檬汁與冰塊一起加入雪克杯，搖盪後倒入裝滿碎冰的玻璃杯。然後讓 Empress1908 琴酒漂浮在上層，最後放上裝飾即完成。

「清涼的水邊」最適合喝這杯酒

家常 MEMO
Empress1908 是一款色彩鮮艷的琴酒，只是這杯酒搭配的是龍舌蘭，味道不是那麼平易近人。不過外觀十分華麗，如果像名字一樣在<u>游泳池邊或其他氣氛合適的地方享用</u>，想必會相當美味。

高空跳傘（Skydiving）

`偏重` `又甜又烈` `不限`

〔材料〕
蘭姆酒 30ml ／藍柑橘利口酒 20ml ／
萊姆汁 10ml

將 蘭姆酒、藍柑橘利口酒、萊姆汁加入雪克杯，搖盪後倒入玻璃杯。

喝下透明度一百分的湛藍

家常 MEMO
這杯酒在 1967 年日本調酒師協會舉辦的雞尾酒比賽中獲得了第一名。我當上調酒師後，也看過各種藍色的雞尾酒，但<u>沒有一杯酒像這杯一樣呈現如此通透的藍色</u>。情緒低落的時候，可以喝喝這杯酒，感受一下翱翔天際的心情。

美翻天的雞尾酒

補充小知識：龍舌蘭糖漿是採集龍舌蘭草汁液所製成的糖漿。

189

美翻天的雞尾酒

腦出血
（Brain Hemorrhage）

`普通` `甜` `有病的時候`

〔材料〕
水蜜桃利口酒 40ml ／貝禮詩奶酒 15ml ／
紅石榴糖漿 10ml

將　冰鎮的水蜜桃利口酒倒入玻璃杯，然後利用吧匙背面輕輕倒入貝禮詩。最後迅速倒入紅石榴糖漿即完成。

讓恐怖與美味「完美聯姻」的秘訣？

家常 MEMO

這是雞尾酒史上公認最驚悚的一杯酒。雖然名稱很搞怪，但拍起照來相當吸睛。外觀可能有點噁心，但實際上裡面的材料都很好喝，完全不必擔心味道。

墨西哥灣流
（Gulfstream）

`普通` `甜` `不限`

〔材料〕
琴酒 40ml ／水蜜桃利口酒 10ml ／
萊姆汁 15ml ／乾燥鳳梨片／紅櫻桃等裝飾物

將　琴酒、水蜜桃利口酒、萊姆汁倒入裝了冰塊的玻璃杯中攪拌均勻，最後放入裝飾即完成。

一波接一波的「碧藍洋流」

家常 MEMO

這杯酒也是藍色的，但與高空跳傘的藍色不一樣，我個人會聯想到國外的海洋風光。許多「適合拍照打卡」的雞尾酒只重視外觀，不過這杯酒不僅視覺迷人，味道也非常好。**墨西哥灣流是世界最大的暖流**，而這杯酒之所以取這個名字，正是因為顏色令人聯想起那色彩鮮明的洋流。

地震（Earthquake）

超重　俐落　想醉倒的時候

〔材料〕
琴酒 30ml ／威士忌 30ml ／苦艾酒 30ml

將 琴酒、威士忌、苦艾酒與冰塊一起加入雪克杯，搖盪後再倒入玻璃杯。

> 家常 MEMO
>
> 這杯雞尾酒喝起來正如它的名稱，擁有地震一般的衝擊力。由於酒精濃度極高，口感非常強烈，所以我通常不會推薦給別人。琴酒混合威士忌已經很濃了，連苦艾酒的用量也這麼多，一點也不尋常，相信大家都看得出來這杯酒有多烈。不過特別的是，**很多人也對這種強烈的刺激相當著迷。**

小心強震！異次元等級的酒精濃度

濃到爆的雞尾酒

長島冰茶（Long Island Iced Tea）

偏重　又甜又烈　不限

〔材料〕
琴酒 15ml ／伏特加 15ml ／蘭姆酒 15ml ／
龍舌蘭 15ml ／君度橙酒 15ml ／
檸檬汁 30ml ／可樂 40ml

將 琴酒、伏特加、蘭姆酒、龍舌蘭、君度橙酒、檸檬汁加入裝了碎冰的玻璃杯混合均勻，最後加入可樂，輕輕攪拌。

> 家常 MEMO
>
> 這杯酒誕生於美國紐約的長島。材料不含任何一滴紅茶，卻能做出冰紅茶一般的顏色與味道。這杯酒非常好喝，而且能喝到琴酒、伏特加、蘭姆酒、龍舌蘭合而為一的風味。長島冰茶有很多種調法，好比說將可樂以外的材料先搖盪一遍，或讓可樂稍微消氣後再混合。

別被「偽裝」成紅茶的外觀騙了

補充小知識　原本的長島冰茶酒譜中並不包含龍舌蘭。

191

濃到爆的雞尾酒

炸藥可樂（Dynamic Coke）

`超重` `甜` `想醉倒的時候`

〔材料〕
RONRICO 151 蘭姆酒 45ml ／
可樂適量／檸檬角

將 RONRICO 151 蘭姆酒倒入裝了冰塊的玻璃杯，然後倒入可樂，倒入時避免氣泡散失。最後擠入檸檬汁即完成。

家常 MEMO

RONRICO 151 的 151 代表 151 proof（標準酒度），標準酒度 ÷2 就是我們一般說的酒精濃度。換句話說這款酒的酒精濃度高達 75.5 度，非常濃烈，不過調成蘭姆可樂卻意外地順口。這杯雞尾酒濃度很高卻喝不太出來，小心別喝到不省人事。

> 絕對、不要、自爆！

殭屍（Zombie）

`超重` `甜` `想醉倒的時候`

〔材料〕
牙買加蘭姆酒 30ml ／白色蘭姆酒 50ml ／
RONRICO 151 蘭姆酒 15ml ／柳橙汁 30ml ／
杏桃利口酒白蘭地 15ml ／百香果汁 30ml ／
生鳳梨汁 30ml ／檸檬汁 30ml ／鳳梨片、櫻桃等裝飾

將 3 種蘭姆酒、杏桃白蘭地、柳橙汁、百香果汁、鳳梨汁、檸檬汁與冰塊一起加入雪克杯，搖盪後倒入裝了冰塊的玻璃杯。最後放上鳳梨片和櫻桃裝飾即完成。

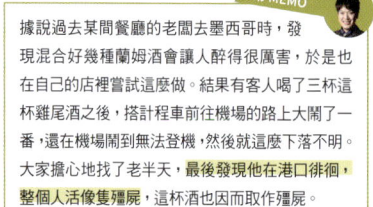

家常 MEMO

據說過去某間餐廳的老闆去墨西哥時，發現混合好幾種蘭姆酒會讓人醉得很厲害，於是也在自己的店裡嘗試這麼做。結果有客人喝了三杯這杯雞尾酒之後，搭計程車前往機場的路上大鬧了一番，還在機場鬧到無法登機，然後就這麼下落不明。大家擔心地找了老半天，最後發現他在港口徘徊，整個人活像隻殭屍，這杯酒也因而取作殭屍。

> 喝了讓你變成「活死人」

水手（Jack Tar）

`超重` `清甜` `想醉倒的時候`

〔材料〕
RONRICO 151 蘭姆酒 30ml ／
南方安逸利口酒 25ml ／萊姆汁 25ml ／萊姆角

將 RONRICO 151 蘭姆酒、南方安逸、萊姆汁加入裝了冰塊的雪克杯，搖盪後倒入裝了冰塊的玻璃杯，最後放入萊姆角即完成。

被打上岸的「粗暴男兒」

家常 MEMO
這杯酒是橫濱中華街酒吧「破風帆船」（Windjammer）發明的知名雞尾酒。前面已經介紹過 RONRICO 151 蘭姆酒的酒精濃度高達 75 度，而早期的南方安逸酒精濃度也在 50 度以上（現在的版本約 20～25 度），這兩種濃烈的酒合在一起才是真正的「水手」，保證讓人爛醉如泥。

法蘭西斯・亞伯特
（Francis Albert）

`超重` `俐落` `想醉倒的時候`

〔材料〕
坦奎瑞琴酒（Tanqueray）30ml ／
野火雞波本威士忌 30ml

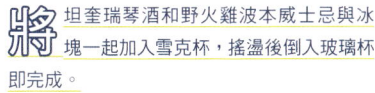

將 坦奎瑞琴酒和野火雞波本威士忌與冰塊一起加入雪克杯，搖盪後倒入玻璃杯即完成。

禁忌的「優雅貴公子」

家常 MEMO
這杯酒的名字取自美國名演員法蘭克・辛納屈的本名，是一杯誕生於日本的雞尾酒。一般的雞尾酒只有一種基酒，這杯酒則混合了琴酒和威士忌，酒精濃度非常高。琴酒和威士忌的選擇可能隨便，坦奎瑞琴酒和野火雞波本威士忌的風味相當契合，酒精濃度雖高，但據說喝了也不容易宿醉。

補充小知識

RONRICO 蘭姆酒的「RON」是西班牙語的「Rum」。RICO 則是滋味豐美的意思。

193

濃到爆的雞尾酒

準備好接下這記重拳了嗎?

綠色阿拉斯加
（Green Alaska）

`超重` `俐落` `想醉倒的時候`

〔材料〕
乾口琴酒 45ml ／夏翠絲（綠）15ml

將 乾口琴酒和夏翠絲（綠）加入攪拌杯，攪拌完成後蓋上隔冰器，倒入杯中即完成。

家常 MEMO
如果你上網搜尋高酒精濃度的雞尾酒，這杯通常都名列前茅。搭配乾口琴酒的綠色夏翠絲酒精濃度高達 55 度，雖然顏色鮮艷漂亮，口感卻強勁無比。

南無阿彌陀佛

`超重` `甜` `想醉倒的時候`

〔材料〕
苦艾酒 30ml ／
土耳其茴香酒（YENI RAKI）20ml ／
綠香蕉利口酒 15ml

將 苦艾酒、土耳其茴香酒、綠香蕉利口酒倒入杯中混合均勻。

喝了小心別念經!?

家常 MEMO
這杯酒是我年輕時因為莫名想要「做一杯喝不了的雞尾酒」而弄出來的東西。當時我的朋友說這杯酒很好喝，結果他在前往其他酒吧的路上突然倒下，醉得不省人事，不得不叫救護車送醫。當時跟他一起喝酒的女生在旁邊念「南無阿彌陀佛」，這就成了這杯酒的名字（笑）。ANCHOR 有提供這杯酒，有興趣的客人可以來試試。

伏特加冰山
（Vodka Iceberg）

> 這種「刺激感」讓人回味無窮

超重　俐落　想醉倒的時候

〔材料〕
伏特加 60ml／
保樂苦艾酒（PERNOD Absinthe）1dash

將 伏特加倒入裝了冰塊的玻璃杯，與冰塊攪拌融合，再加入保樂苦艾酒並輕輕攪拌即可。

家常 MEMO
這杯也是以高酒精濃度著稱的雞尾酒。伏特加與保樂苦艾酒的組合對我來說很強烈，但喜歡的人還不少。口味真是因人而異呢。

琥珀之夢
（Amber Dream）

超重　又甜又烈　想醉倒的時候

〔材料〕
琴酒 20ml／夏翠絲（綠）20ml／
芙內布蘭卡（FERNET BRANCA）20ml

將 琴酒、夏翠絲、芙內布蘭卡加入攪拌杯。攪拌完成後蓋上隔冰器，將酒液倒入雞尾酒杯。

> 伴你度過「想要徹底醉倒的今夜」

家常 MEMO
日本常見的酒譜是用甜香艾酒取代芙內布蘭卡；國外則普遍習慣使用芙內布蘭卡。這杯酒不只酒感強烈，味道還很苦，不容易入口。除非真的想要徹底醉倒，否則我不建議喝這杯酒。這杯喝了毫無疑問能讓人醉到不行。

> 補充小知識：伏特加冰山酒譜中的保樂苦艾酒可謂眾多苦酒的鼻祖。

195

一口杯雞尾酒

「在嘴裡完成」的雞尾酒

尼古拉斯
（Nikolaschka）

`重` `又甜又烈` `不限`

〔材料〕
白蘭地適量／砂糖 1tsp ／檸檬片

杯中倒入適量的白蘭地，然後蓋上一片檸檬，再放上一堆砂糖。飲用時將檸檬片對折咬下，讓口中充滿酸甜滋味，再喝下白蘭地。

家常 MEMO

這是誕生於德國漢堡的雞尾酒。根據文獻記載的喝法，這杯酒是在飲用者的口中完成。先咬下堆著砂糖的檸檬，再喝下白蘭地，這一連串的動作很有趣，實際上味道也非常好，推薦大家試一次看看。

B-52

`重` `甜` `不限`

〔材料〕
卡魯哇咖啡利口酒 20ml ／貝禮詩奶酒 20ml ／柑曼怡 20ml

利用吧匙按順序慢慢倒入卡魯哇咖啡利口酒→貝禮詩→柑曼怡，讓材料分成三層。

飲用的場合才是享受的重點

家常 MEMO

B-52 是美國轟炸機的名稱。在美國，為表現出轟炸機的感覺，會點燃最上層的柑曼怡，並用吸管飲用。這杯酒的名稱和戰爭有關，歷史背景較為敏感，因此在日本的飯店酒吧或比較講究的酒吧最好不要點。不過它甜美好喝，適合在輕鬆的場合享用。

Woo Woo

`普通` `清爽` `不限`

〔材料〕
伏特加 15ml ／水蜜桃利口酒 15ml ／
生蔓越莓汁 15ml

將 伏特加、水蜜桃利口酒、新鮮蔓越莓汁
與冰塊一起加入雪克杯，搖盪後倒入一
口杯即完成。

也有喝起來很輕鬆的一口杯雞尾酒

家常 MEMO
這是我最推薦大家喝喝看的一口杯雞尾酒。一群人拿一口酒乾杯時，如果不想喝龍舌蘭，WooWoo 會是不錯的選擇。**酒精濃度不高，而且非常順口好喝。**

火箭筒老喬
（Bazooka Joe）

`重` `甜` `不限`

〔材料〕
貝禮詩奶酒 20ml ／藍柑橘利口酒 20ml ／
香蕉利口酒 20ml

利 用吧匙按順序慢慢倒入香蕉利口酒→
藍柑橘利口酒→貝禮詩，讓材料分成
層。

甜美綿密，卻一發就上火

家常 MEMO
貝禮詩奶酒與香蕉利口酒十分合拍。如果想點 B-52 但當天的場合不太方便時，可以改點這一杯，兩者的味道還滿接近的。

補充小知識
火箭筒老喬也是美國和加拿大當地銷售的一款口香糖品牌。

一口杯雞尾酒

阿拉巴馬監獄
（Alabama Slammer）

`普通`　`甜`　`不限`

〔材料〕
南方安逸利口酒 20ml ／杏仁利口酒 20ml ／
黑刺李琴酒 10ml ／檸檬汁（果汁）10ml

將南方安逸、杏仁利口酒、黑刺李琴酒、檸檬汁加入裝了冰塊的雪克杯，搖盪後倒入一口杯即完成。

適合想要展現派頭的硬派人士

家常 MEMO
這杯酒推薦給不喜歡喝太甜、想要來點清爽東西的人。雖然它還是帶有甜味，不過黑刺李琴酒和檸檬汁的酸味讓尾韻非常清爽，喝起來很輕鬆。

紫色銅頭
（Purple Nipple）

`重`　`清爽`　`不限`

〔材料〕
野格利口酒 15ml ／蜜多麗 15ml ／
柳橙汁 15ml ／蔓越莓汁 30ml

將野格藥草利口酒、蜜多麗、柳橙汁、蔓越莓汁與冰塊一起加入雪克杯，搖盪後倒入一口杯即完成。

提神的東西喝起來怎麼這麼順？

家常 MEMO
一口酒通常具有提振精神的功能，最具代表性的如大家常說的「野格 shot」。不過，很多人覺得野格藥草利口酒太苦，不敢直接喝。這杯雞尾酒加了蜜多麗、柳橙汁和蔓越莓汁，喝起來果香十足，稱之為順口版野格 shot 也不為過。

E.T.

普通　甜　不限

〔材料〕
蜜多麗 15ml ／貝禮詩奶酒 15ml ／伏特加 15ml

將 蜜多麗、貝禮詩、伏特加與冰塊一起加入雪克杯，搖盪後倒入一口杯即完成。

哈密瓜＋鮮奶油，名作等級的星際交流

家常 MEMO

蜜多麗＋貝禮詩等於哈密瓜＋鮮奶油，這種組合保證好喝。伏特加則加強了口感的厚重程度。這杯酒在國外眾多甜味一口杯雞尾酒中也十分經典，名稱來自 1982 年上映的美國科幻電影《E.T.》。

愛爾蘭大話精
（Ireland Bullshooter）

普通　甜　不限

〔材料〕
蜜多麗 30ml ／伏特加 30ml ／紅牛 30ml

將 蜜多麗和伏特加倒入一口杯，然後加滿紅牛輕輕攪拌即完成。也可以先讓紅牛消氣後，再與其他材料一起搖盪調製。

美式能量，鬥魂注入！

家常 MEMO

這杯雞尾酒是在紅牛伏特加的基礎上，加入了一口酒雞尾酒最廣為人知的甜美滋味（蜜多麗），喝起來順口無比。雖然這杯酒的名字裡面有個愛爾蘭，風格卻非常美式。上面介紹了兩種調製方法，考量到形式為一口酒，建議採取讓紅牛消氣後再搖盪的調法，喝起來會比較順口。

補充小知識

野格（Jägermeister）的意思是「獵人的守護聖者」，酒瓶上畫著一頭公鹿。

一口杯雞尾酒

珍珠港（Pearl Harbor）

普通　　甜　　不限

〔材料〕
蜜多麗 40ml ／ 伏特加 20ml ／ 鳳梨汁 15ml

將蜜多麗、伏特加、鳳梨汁加入裝了冰塊的雪克杯，搖盪後倒入一口杯即完成。

一口喝下甜美的「南洋記憶」

家常 MEMO

很多調酒師提供這杯酒時，都是搖盪後倒入雞尾酒杯。不過我認為這杯酒的味道更適合做成一口酒，因此這裡以一口酒的形式介紹。蜜多麗與鳳梨是絕佳拍檔，伏特加則增加了酒感，形成一杯適合一口喝下的雞尾酒。

Master 的喃喃自語

風靡全球的皮斯可！

160 頁介紹「皮斯可酸酒」時，我提到這杯雞尾酒讓皮斯可成了當今全球熱門酒種之一。

皮斯可是 100% 使用葡萄製作的蒸餾酒，不含任何醣類，減肥中的人也能放心喝。提到葡萄製作的蒸餾酒，大家可能會想到白蘭地，不過白蘭地會放在木桶中熟成，因此呈現棕色；皮斯可則是放在不銹鋼桶熟成，因此透明無色。皮斯可是秘魯的國民烈酒，當地人稱之為「神的美酒」。

皮斯可誕生於 16 世紀，當時秘魯還是西班牙的殖民地。西班牙本身就是葡萄酒的產地，因此當時殖民者決定在秘魯種植葡萄園並生產葡萄酒。諷刺的是，秘魯的氣候更適合栽種葡萄，生產出來的葡萄酒甚至比西班牙本土的更美味，因而衝擊到西班牙的葡萄酒產業。

於是西班牙下令禁止秘魯生產葡萄酒。空有葡萄田，卻沒辦法釀造葡萄酒的秘魯，決定拿這些葡萄生產蒸餾酒，而這就是皮斯可的起源。

混合了三種以上葡萄製成的皮斯可會標示為「Acholado」，相當於美味的保證。而只用一種葡萄製作的皮斯可則會標示「Puro」。

無酒精雞尾酒

秀蘭鄧波兒
（Shirley Temple）

`無酒精` `清甜` `不限`

〔材料〕
紅石榴糖漿 20ml ／薑汁汽水適量／螺旋狀檸檬皮

將紅石榴糖漿倒入裝了冰塊的玻璃杯，輕輕加入薑汁汽水避免氣泡散失，輕輕攪拌。最後放入螺旋狀檸檬皮裝飾。

保證幸福的「經典無酒精雞尾酒」

家常 MEMO
這是經典無比的無酒精雞尾酒。提到無酒精雞尾酒，大家就會想到這一杯，而這個名稱正是來自1930年代的知名童星秀蘭鄧波兒。這杯其實就是紅石榴糖漿加薑汁汽水，味道清甜又爽口。

薩拉托加酷樂
（Saratoga Cooler）

`無酒精` `清爽` `不限`

〔材料〕
萊姆汁 20ml ／糖漿 1tsp ／薑汁汽水適量／檸檬片

將萊姆汁和糖漿加入裝了冰塊的玻璃杯，再慢慢倒入薑汁汽水，避免氣泡散失，輕輕攪拌。最後放入檸檬片即完成。

甜而不膩的正統雞尾酒風味

家常 MEMO
秀蘭鄧波兒使用了 20ml 的紅石榴糖漿，甜味比較重。而這杯薩拉托加酷樂的甜度來源只有萊姆汁和 1tsp 糖漿，因此喝起來非常清爽，真的很像雞尾酒。推薦給喜歡清爽口味的人。

無酒精雞尾酒

仙杜瑞拉（Cinderella）

`無酒精`　`清甜`　`不限`

〔材料〕
柳橙汁 20ml ／鳳梨汁 20ml ／
檸檬汁 20ml ／糖漬櫻桃、薄荷等裝飾物

將 柳橙汁、鳳梨汁、檸檬汁與冰塊一起加入雪克杯，搖盪後倒入玻璃杯。可依喜好放入糖漬櫻桃或用薄荷裝飾。

> 為公主準備一杯新鮮純果汁

家常 MEMO

這杯無酒精雞尾酒的名字當然是取自童話故事《灰姑娘》（另譯仙杜瑞拉）。實際調起來其實沒有想像中的簡單，關鍵在於柳橙汁、鳳梨汁、檸檬汁都必須使用新鮮的果汁，如果混合使用市售果汁和新鮮果汁，味道就會大打折扣。我曾經沒有拿捏好每一種果汁的風味平衡，導致顧客沒喝完就走。現在我會先好好品嘗水果，再調整糖漿和果汁的比例。

純潔微風（Virgin Breeze）

`無酒精`　`清爽`　`不限`

〔材料〕
蔓越莓汁 90ml ／
葡萄柚汁 90ml ／檸檬片

將 葡萄柚汁倒入裝了碎冰的玻璃杯，接著倒入蔓越莓汁，最後放上檸檬片。喝的時候可以先用吸管攪拌一下。

> 迎面吹來「甜而不膩的風」

家常 MEMO

這一杯是海洋微風拿掉伏特加後的無酒精版本。無酒精雞尾酒大多味道偏甜，但純潔微風卻相當清爽。加上色彩十分鮮豔，讓人真的有喝雞尾酒的感覺。

水果潘趣
（Fruits Punch）

`無酒精`　`甜`　`不限`

〔材料〕
鳳梨汁 90ml ／柳橙汁 60ml ／
芒果汁 30ml ／紅石榴糖漿 5ml ／草莓等裝飾物

將 鳳梨汁、柳橙汁、芒果汁、紅石榴糖漿混合，然後與冰塊一起加入雪克杯，搖盪後倒入裝了碎冰的玻璃杯。可依喜好用草莓或花卉裝飾。

> 家常 MEMO
> 這杯無酒精雞尾酒就像外觀看到的一樣，果香滿盈且充滿熱帶風情。各位可以想像自己在酒吧點這杯來喝的情景，即使不含酒精，華麗的外觀也叫人心情愉快。

就由我來擔綱「今夜的嬌點」

貓步（Pussy Foot）

`無酒精`　`甜`　`不限`

〔材料〕
鳳梨汁 90ml ／柳橙汁 60ml ／
芒果汁 30ml ／紅石榴糖漿 5ml ／
蛋黃 1 顆／草莓等裝飾物

用 奶泡機將蛋黃打散，與鳳梨汁、柳橙汁、芒果汁、紅石榴糖漿、冰塊一起加入雪克杯，搖盪後倒入玻璃杯。

> 家常 MEMO
> 這杯無酒精雞尾酒與水果潘趣一樣，風味上充滿果香，不過額外加了蛋黃，口感更濃郁，更有雞尾酒的感覺。如果不說，大家不見得發現這是一杯無酒精雞尾酒。推薦給想要體驗喝雞尾酒感覺的人。

想來杯「以假亂真」的無酒精雞尾酒？

無酒精雞尾酒

奇異果蘇打飲
（Kiwi Squash）

`無酒精` `清甜` `不限`

〔材料〕
奇異果糖漿 30ml／葡萄柚汁 45ml／
薑汁汽水適量／
森永 ICEBOX（葡萄柚口味）／奇異果

將 1顆奇異果加入杯中搗碎。加入奇異果糖漿和葡萄柚汁混合均勻，再加入碎冰並攪拌，讓奇異果肉遍布杯中。接著倒入薑汁汽水，攪拌至各個角度都能看到奇異果肉的狀態。最後放上 ICEBOX 即完成。

> ICE BOX 是美味的大功臣

家常 MEMO
這是我的原創雞尾酒。如果只用碎冰，融化後味道會變淡，加入半杯 ICEBOX 則可以增添葡萄柚的風味，直到最後一口都美味。

無酒精新加坡司令
（Non Alcoholic Singapore Sling）

`無酒精` `清甜` `不限`

〔材料〕
鳳梨汁 120ml／
萊姆汁 15ml／紅石榴糖漿 15ml／
安格仕苦精 1dash／
鳳梨乾、紅櫻桃等裝飾物

將 鳳梨汁、萊姆汁、紅石榴糖漿、安格仕苦精與冰塊一起加入雪克杯，搖盪後倒入裝了冰塊的玻璃杯。可依喜好用紅櫻桃和鳳梨乾裝飾。

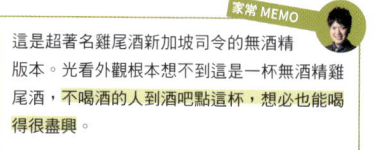

> 擋也擋不住的「異國情調」

家常 MEMO
這是超著名雞尾酒新加坡司令的無酒精版本。光看外觀根本想不到這是一杯無酒精雞尾酒，不喝酒的人到酒吧點這杯，想必也能喝得很盡興。

蜜桃酷樂
（Peach Cooler）

`無酒精`　`甜`　`不限`

〔材料〕
鳳梨汁 90ml ／柳橙汁 45ml ／
MONIN 草莓糖漿 40ml ／薑汁汽水適量／
檸檬、櫻桃、鳳梨、花卉等裝飾物

將 鳳梨汁、柳橙汁、MONIN 草莓糖漿與冰塊一起加入雪克杯，搖盪後倒入裝了冰塊的玻璃杯。慢慢加入薑汁汽水，輕輕攪拌。最後可依喜好用檸檬、櫻桃或花卉裝飾。

> 家常 MEMO
>
> 如果只有果汁和糖漿，味道難免會過於甜膩。加入薑汁汽水後，除了甜味，還增添了複雜的口感和氣泡感，喝起來更像雞尾酒。這幾樣材料的搭配非常合適，任何人都會覺得好喝。

不見得只能當個小可愛

初戀

`無酒精`　`甜`　`不限`

〔材料〕
可爾必思 30ml ／蔓越莓汁 90ml ／
綜合莓果、薄荷等裝飾物

將 可爾必思倒入杯中，加入碎冰。這時先插入吸管，再慢慢倒入蔓越莓汁。由於蔓越莓汁比可爾必思輕，因此會形成分層。最後加入綜合莓果和薄荷裝飾即完成。

> 家常 MEMO
>
> 這是我原創的無酒精雞尾酒。如果最後才放吸管會讓材料混在一起，所以我會在加入蔓越莓汁之前先放吸管。喝之前攪拌，整杯飲品就會變成粉紅色，加上可爾必思的味道，令人想起初戀的感覺。這也是我店裡許多人點的無酒精雞尾酒。

一口喚醒逐漸淡忘的回憶

205

〔Master HISTORY～後篇〕column 5

靠著 300 萬日圓本金起家的海鮮蓋飯專賣店並不順利。由於我身兼漁夫的工作，可以拿一些市場上買不到的魚來用，實質上等於零成本，因此我以超低價海鮮蓋飯當作賣點。不過魚不夠用的時候還是需要採買，結果出現定價 580 日圓的餐點成本高達 500 日圓的狀況，幾乎沒有利潤。

每天清晨出海捕魚，回來後開店營業至深夜，平均睡眠時間只有 3 小時。工作賺不了錢的辛酸加上睡眠不足，導致我有一次開車時打瞌睡，差點發生車禍。這次瀕臨死亡的經歷，讓我決定換一條跑道。

我想起「自己是個調酒師」，於是將店鋪轉型成酒吧式海鮮居酒屋，而這次轉型非常成功，每天生意興隆，甚至需要預約才有位子坐。

但就在店鋪經營上了軌道不久，龐大的人潮招來周邊居民日復一日的投訴，於是我決定將店面遷址。最後找到的地點，就是如今「ANCHOR」的所在位置。

這是一棟屋齡約 80 年的老民宅，翻修之後整理成店面。傳說這間房子有問題，待在裡面的人都會「遭到詛咒」，所以沒有人敢進門，過去屋主也一直試圖低價拋售。我是在不知情的情況下找到這間房子的，不過我根本沒有被詛咒，反而因為開了一間能吃到今治新鮮水產，又像酒吧一樣可以喝酒的店，生意好得不得了。

忙著做生意的日子持續了好一陣子，結果卻碰上新冠疫情，頓時無法營業，即使開門也沒有人來。當時我真的認為自己徹底「完蛋了」。

疫情期間，我為了無法來店裡的常客，錄製一些居家調酒的教學影片，上傳到 YouTube，將連結發給他們，結果反應非常熱烈。當時也無法營業，我有的是時間，於是就開設了 YouTube 頻道。

原本是為了常客才開設的 YouTube 頻道，意外地吸引了大量觀眾，甚至讓我得到了這次出版作品的機會。我不禁感慨，真的沒有人想得到人生會發生什麼樣的事呢。

Chapter 8

閉上眼睛馬上穿越……
品嘗知名酒吧的原創雞尾酒

這一章會介紹
橫濱知名餐酒館「Newjack」供應的人氣雞尾酒，
還有 BAR 新宿 Whisky Salon 調酒師
靜谷和典先生的原創雞尾酒。

知名酒吧 雞尾酒

Newjack 琴通寧

偏輕　　清爽　　不限

〔材料〕
小黃瓜琴酒 30ml ／
萊姆汁 1tsp ／
通寧水 120ml ／
芹菜苦精 2dash ／小黃瓜片

將 自製的小黃瓜琴酒、萊姆汁、通寧水加入裝了冰塊的玻璃杯，輕輕攪拌，加入芹菜苦精和小黃瓜片即完成。

以小黃瓜作為關鍵風味的琴通寧

Newjack MEMO
這是一杯用了小黃瓜和芹菜的清新果香琴通寧，自 Newjack 開業以來一直是店裡的招牌雞尾酒。將小黃瓜放入琴酒中浸泡，增添風味，即可做出小黃瓜琴酒。

金盞花與草帽的琴通寧

偏輕　　清爽　　不限

〔材料〕
金盞花琴酒 30ml ／
接骨木花通寧水 120ml ／
金盞花噴霧 2PUSH

將 自製的金盞花琴酒倒入裝了冰塊的玻璃杯，避開冰塊倒入接骨木花通寧水，輕輕攪拌。噴灑兩次金盞花噴霧，蓋上一頂草帽作為裝飾即完成。

戴著草帽的你～♪ 靈感來自愛繆的歌曲

Newjack MEMO
金盞花琴酒是將帶著草本植物香氣的金盞花莖乾燥後泡入琴酒製成。而提到金盞花，就讓人聯想到歌手愛繆的那首〈金盞花〉，所以這是一杯啟發自愛繆的雞尾酒，並且根據歌詞用了小草帽來裝飾。

馬丁尼琴索尼

`偏輕` `俐落` `不限`

〔材料〕
自製橄欖琴酒 30ml ／不甜香艾酒 10ml ／
地中海通寧水 50ml ／
蘇打水 50ml ／橄欖苦精 2dash ／橄欖

橄欖泡水去除多餘鹽分後切片乾燥，再泡入琴酒，即可製成橄欖琴酒。將橄欖琴酒與不甜香艾酒倒入裝了冰塊的玻璃杯，再避開冰塊慢慢倒入通寧水和蘇打水，輕輕攪拌，加入兩抖振橄欖苦精，並放上橄欖裝飾。

跌破大家眼鏡的新「雞尾酒之王」

Newjack MEMO

人稱雞尾酒之王的馬丁尼酒精濃度非常高，令很多人望之卻步。推薦這樣的朋友喝喝看這杯味道俐落的琴通寧。這裡用了一些特殊方法將橄欖味融入馬丁尼，構成一杯感覺原本就有，其實前所未有的嶄新雞尾酒之王。

哈密瓜奶油琴索尼

`偏輕` `清甜` `不限`

〔材料〕
自製水果琴酒 30ml ／哈蜜瓜利口酒 15ml ／
通寧水 45ml ／蘇打水 45ml ／
糖漬櫻桃／洋甘菊慕斯

將浸泡了各種水果後製成的水果琴酒與哈蜜瓜利口酒倒入裝了冰塊的玻璃杯，再加入通寧水和蘇打水，輕輕攪拌。放入糖漬櫻桃，最後擠上洋甘菊慕斯即完成。

好像在喝哈密瓜蘇打

Newjack MEMO

水果琴酒中泡的水果有芒果、鳳梨、柳橙，搭配哈蜜瓜利口酒呈現哈密瓜蘇打般的風味。最後再擠上洋甘菊慕斯象徵哈密瓜蘇打上面的鮮奶油。慕斯沒有鮮奶油那麼甜，喝起來十分清爽。

209

知名酒吧雞尾酒

零陵香豆＆咖啡通寧

`偏輕` `清爽` `不限`

〔材料〕
零陵香豆＆咖啡琴酒 30ml ／
通寧水 120ml

將 自製零陵香豆＆咖啡琴酒倒入裝了冰塊的玻璃杯，加入通寧水並輕輕攪拌。最後以咖啡豆裝飾完成。

享受獨特香氣的咖啡味琴通寧

Newjack MEMO
用琴酒浸泡具有櫻餅香氣的零陵香豆和咖啡豆，就能做出零陵香豆＆咖啡琴酒。零陵香豆的獨特香氣與咖啡完美融合，形成這杯咖啡風味的琴通寧。

蜜桃梅爾巴＆甜菜通寧

`偏輕` `甜` `不限`

〔材料〕
蜜桃梅爾巴＆甜菜琴酒 30ml ／
接骨木花通寧水 120ml

將 自製蜜桃梅爾巴＆甜菜琴酒倒入裝了冰塊的玻璃杯，避開冰塊慢慢倒入接骨木花通寧水，輕輕攪拌即完成。

兼具美容效果的女子系雞尾酒

Newjack MEMO
用琴酒浸泡超級食物「甜菜」、具有香草香氣的紅茶「蜜桃梅爾巴」（Peach Melba）以及洛神花，即可製成蜜桃梅爾巴＆甜菜琴酒。這杯酒味道偏甜，甜菜還有美容效果，非常適合女性顧客。

柚子＆抹茶的琴通寧

`偏輕`　`清爽`　`不限`

〔材料〕
柚子琴酒 30ml ／抹茶粉 1tsp ／
通寧水 120ml

將 自製柚子琴酒與抹茶粉加入裝了冰塊的雪克杯，搖盪後倒入裝了冰塊的玻璃杯。慢慢加入通寧水，輕輕攪拌後完成。

為外國人設計的和風雞尾酒

Newjack MEMO

用琴酒浸泡柚子皮，做成柚子琴酒，再**搭配抹茶粉，構成日本風情的琴通寧**。將杯子放進傳統酒杯供應，會更有日本的情調。外國客人是對日本文化有興趣才來日本旅遊，所以提供這種和風雞尾酒，他們也會很開心。

竹子雪莉通寧
（Bamboo Sherry Tonic）

`偏輕`　`俐落`　`不限`

〔材料〕
乾口琴酒 10ml ／不甜香艾酒 10ml ／
雪莉酒（Fino）30ml ／
通寧水 60ml ／蘇打水 60ml

將 琴酒、不甜香艾酒、雪莉酒倒入裝了冰塊的玻璃杯，避開冰塊慢慢倒入通寧水和蘇打水，輕輕攪拌。最後放入竹葉裝飾即完成。

表現橫濱風情！

Newjack MEMO

正如本書前面介紹的，以不甜香艾酒、雪莉酒調製的「竹子」是誕生於橫濱的雞尾酒。Newjack 開在橫濱，所以也將這杯橫濱誕生的雞尾酒納入酒單。這是一杯能表現出橫濱風情的雞尾酒。由於酒名叫作竹子，所以杯子裡也放了片竹葉裝飾。

211

知名酒吧雞尾酒

可人兒（Adorable）

`普通` `甜` `不限`

〔材料〕
小黃瓜琴酒 35ml ／水蜜桃利口酒 15ml ／
接骨木花糖漿 10ml ／
檸檬汁 20ml ／蛋白 30ml

將小黃瓜琴酒、水蜜桃利口酒、接骨木花糖漿、檸檬汁、蛋白加入裝了冰塊的雪克杯，充分搖盪後倒入玻璃杯。最後放上乾燥檸檬片和花朵裝飾即完成。

可愛外觀＋味覺項目最高分

Newjack MEMO

這是 Newjack 老闆山本圭介的作品，於 2014 年奪得花式調酒大賽冠軍，且榮獲味覺項目最高分。酒名 Adorable 的意思是「可愛的」，小黃瓜、接骨木花、水蜜桃、蛋白搭配起來的味道相當可口，深受女性喜愛。

感謝自然（Grazie alla Natura）

`普通` `清甜` `不限`

〔材料〕
迪莎羅娜杏仁利口酒 30ml ／
義大利渣釀白蘭地 10ml ／
透明卡布里沙拉風味水 50ml ／
鷹嘴豆水 15ml ／檸檬酸 1g

使用番茄、乳清、羅勒製成透明卡布里沙拉風味水，與其他材料一起搖盪後倒入玻璃杯，最後放上卡布里沙拉風味脆片、杏仁起司、羅勒裝飾。

響應永續經營的環保雞尾酒

Newjack MEMO

Newjack 店長淺葉哲廣於 2021 年使用符合 SDGs（永續發展目標）的材料創作了這杯酒，概念是將卡布里沙拉做成飲品，榮獲日本「迪莎羅娜永續調酒大賽」的美好生活獎（Dolce vita）。淺葉先生使用鷹嘴豆罐頭裡的水，並將製作卡布里沙拉風味水時用完的番茄回收再利用，充分達成食材零浪費的比賽主旨。

`有點重` `甜` `餐後`

〔材料〕
蘋果肉桂波本威士忌 45ml／
迪莎羅娜杏仁利口酒 15ml／
巧克力苦精 3dash

浸 泡了蘋果和肉桂的波本威士忌搭配杏仁利口酒,再加入 3dash 帶苦味的自製巧克力苦精,攪拌均勻。最後用肉桂煙燻增添香氣,再倒入裝了冰塊的古典杯。

Newjack MEMO

這杯酒改編自享譽國際的「古典雞尾酒」和「教父」。名稱有一部份是戲仿日本饒舌團體「BUDDHA BRAND」;而「Newjack」這個店名也是取自一種叫「新傑克搖擺」(New Jack Swing)的音樂類型。這杯酒的名稱就是以上兩種要素結合而成。

外觀與味道都堪稱新時尚

佛陀牌新時尚
(BUDDHA BRAND New Fashion)

知名酒吧 雞尾酒

牛奶潘趣（Milk Punch）

`普通` `甜` `不限`

〔材料〕
The SG Shochu KOME 25ml／
自製牛奶潘趣 60ml／乾燥鳳梨片

古典杯中裝入冰塊，倒入自製牛奶潘趣和 The SG Shochu KOME，攪拌均勻。最後放上乾燥鳳梨片裝飾即完成。

自製牛奶潘趣與 SG 燒酎的雙重出擊

Newjack MEMO

將鳳梨、百香果與各種香料放入果汁機一起攪拌均勻，再加入椰奶讓成分分離。這麼一來就會像製作優格的時候一樣，表面浮出清澈的液體，將這些液體過濾出來即可得到自製牛奶潘趣。這種做法能得到更濃郁的風味精華，卻又保有清爽的口感。這杯酒看起來很清澈，其實使用了好幾種材料。

蜂膝（Bee's Knees）

`普通` `清甜` `不限`

〔材料〕
巴比琴酒（Bobby's Schiedam Dry Gin）30ml／
英人琴酒（Beefeater）15ml／
檸檬汁 20ml／蜂蜜 10ml／
簡易糖漿 1tsp／柚子茶 2tsp

將巴比琴酒、英人琴酒、檸檬汁、蜂蜜、糖漿、柚子茶與冰塊一起加入雪克杯，搖盪後倒入玻璃杯。最後以檸檬皮裝飾即完成。

品嘗「最好」的日式風味

Newjack MEMO

蜂膝是美國禁酒令時代流行的一杯酒，而 bee's knees 一詞有「最好」的意思。原酒譜很簡單，就只有琴酒、檸檬汁與蜂蜜，Newjack 的改編則額外加了柚子茶。Newjack 的京都分店「BEE'S KNEES」就是一間模擬美國禁酒令時代氛圍的酒吧；而京都有很多外國觀光客，這杯酒也成了該分店「最好」的日式風味雞尾酒，吸引了眾多外國客人光顧。

法國鳥（FrenchBird）

表現噴上香奈兒五號的迷人女性風采

`有點重`　`清甜`　`不限`

〔材料〕
蝶豆花琴酒 30ml ／
簡易糖漿 10ml ／檸檬汁 15ml ／
諾蒂絲琴酒（Nordés Gin）3ml ／
普羅賽克氣泡酒 30ml

將氣泡酒以外的所有材料與冰塊一起加入雪克杯，搖盪後加入氣泡酒，再倒入小鳥造型杯即完成。

Newjack MEMO

這杯酒改編自知名雞尾酒「法式七五」（French 75），使用了泰國的蝶豆花。蝶豆花可以泡成香草茶，茶水原本是藍色的，加入檸檬之類的酸性物質就會變成紫色。由於酒名中有個「鳥」字，所以選擇使用小鳥造型酒杯並附上羽毛裝飾。羽毛噴上香奈兒五號香水。鳥象徵著女性，因此這杯酒表現的意象為「噴上香奈兒五號的法國優雅女子」。

215

知名酒吧 雞尾酒

可以大口暢飲的鳳梨可樂達

熱帶可樂達
（Tropical Colada）

`偏輕`　`清甜`　`不限`

〔材料〕
白色蘭姆酒 20ml ／牛奶潘趣 60ml ／
通寧水 45ml

將 白色蘭姆酒、自製牛奶潘趣、通寧水加入裝了冰塊的鳳梨造型杯，並用乾燥鳳梨片、食用花裝飾即完成。

Newjack MEMO

這杯酒是鳳梨可樂達的改編版，用牛奶潘趣、蘭姆酒、通寧水組合出清甜暢飲的滋味。原版的鳳梨可樂達是用蘭姆酒、鳳梨、椰奶調製，味道很甜；改編版則是先將這些材料做成牛奶潘趣，所以口感更加乾淨。此外還加入了通寧水，大口暢飲也不是問題。

嘟哇調茉莉潘趣
（Doo-wop Jasmine Punch）

`偏輕`　`清爽`　`不限`

〔材料〕
乾口琴酒 20ml ／梅酒 15ml ／
荔枝糖漿 10ml ／
茉莉花茶 60ml ／諾蒂絲琴酒 1ml

將 乾口琴酒、梅酒、自製荔枝糖漿、茉莉花茶、諾蒂絲琴酒加入雪克杯，使用拋接法調製。倒入裝了冰塊的葡萄酒杯，並以接骨木花裝飾完成。

將烏龍茶換成茉莉花茶

Newjack MEMO

這杯酒改編自「雷鬼潘趣」。雷鬼潘趣就是水蜜桃烏龍，不太會喝酒的人也十分喜愛。這杯酒是將烏龍茶換成茉莉花茶，並用琴酒、梅酒及自製荔枝糖漿取代了水蜜桃利口酒。酒精濃度低，味道也不酸，是一杯不太能喝酒的人也能喝得開心的華麗雞尾酒。

日本帕洛瑪
（PalomaJapon）

`偏輕`　`清爽`　`不限`

〔材料〕
帕洛瑪預調液 110ml（先將粉紅葡萄柚汁、柳橙汁、檸檬汁、煎茶、茉莉花茶、龍舌蘭糖漿、糖漿等材料用洋菜粉澄清，再加入龍舌蘭）／
通寧水 30ml／蘇打水 30ml

準備一個杯口沾了紫蘇粉的玻璃杯，喝的時候可以感受不一樣的口味。杯中裝入冰塊，倒入自製的帕洛瑪預調液、通寧水及蘇打水，輕輕攪拌即完成。

Newjack MEMO

帕洛瑪是墨西哥的知名雞尾酒，這一杯則是加入日本元素的異國風改編版。做法是事先將粉紅葡萄柚汁、柳橙汁、煎茶、茉莉花茶、檸檬、龍舌蘭糖漿混合後用洋菜粉澄清，做成帕洛瑪預調液。重點是加入煎茶和紫蘇粉等日本的元素。「Japon」就是西班牙語的「日本」。

加入日本元素的帕洛瑪

六月小蟲 2.0
（June Bug 2.0）

`普通`　`甜`　`不限`

〔材料〕
琴酒 20ml／六月小蟲預調液 80ml（將椰子利口酒、哈密瓜利口酒、香蕉利口酒、鳳梨汁、葡萄柚汁、檸檬汁、檸檬香茅、檸檬香蜂草、糖漿混合後用洋菜粉澄清）

將琴酒與六月小蟲預調液加入攪拌杯，攪拌完成後倒入裝了冰塊的古典杯。最後放上蟲蟲造型軟糖裝飾即完成。

Newjack MEMO

六月小蟲是美國餐酒館「TGIFridays」的韓國店於 1990 年代創作的雞尾酒，這裡改編成具現代風格與熱帶風情的版本。六月小蟲預調液是將椰子利口酒、哈密瓜利口酒、鳳梨汁、檸檬汁與其他材料用洋菜粉澄清後製成。順帶一提，「六月小蟲」是指一種綠色的金龜子。

六月小蟲預調液是風味的關鍵

217

知名酒吧雞尾酒

嚐嚐看浸漬了哈瑞寶軟糖的琴酒

Newjack 酸酒
（Newjack Sour）

`普通` `甜` `不限`

〔材料〕
哈瑞寶琴酒 30ml／水蜜桃白蘭地 5ml／
接骨木花利口酒 10ml／
杏仁糖漿 10ml／檸檬汁 20ml／
裴喬氏苦精 5dash／
保樂苦艾酒 3dash／蛋白 30ml

將自製哈瑞寶琴酒與其他材料一起搖盪過後倒入杯中。最後在表面寫上「NEWJACK」的字樣即完成。

Newjack MEMO

這杯酒改編自三葉草俱樂部（Clover Club），是將歐洲家喻戶曉的哈瑞寶軟糖泡入琴酒，製成哈瑞寶琴酒，再用來調製帶有糖果甜味的酸酒。順帶一提，Newjack 在俚語中有「菜鳥」的意思。

草本琴通寧
（Herbal Gin Tonic）

`無酒精` `清爽` `不限`

〔材料〕
無酒精琴酒 NEMA 0.00%Standard 30ml／
地中海通寧水 120ml／
洋甘菊慕斯

將無酒精琴酒 NEMA 0.00%Standard 與通寧水倒入裝了冰塊的玻璃杯，輕輕攪拌。擠上洋甘菊慕斯即完成。

無酒精也能享受到真的在喝雞尾酒的感覺

Newjack MEMO

這杯無酒精琴通寧用的材料，是橫濱「CocktailBarNemanja」北條智之先生參與製作的無酒精琴酒。花香調的無酒精琴酒加上洋甘菊慕斯，形成充滿草本調性的一杯飲品。由於材料不含任何酒精，當天需要開車的人也可以享受到真的在喝雞尾酒的感覺。

The Two Pistols
（雙槍）

`普通` `清爽` `不限`

〔材料〕
格蘭利威 12 年 40ml ／蘇打水 UP ／
格蘭利威 14 年 5ml（裝進針筒）／乾燥蘋果片

將格蘭利威 12 年倒入裝了冰塊的玻璃杯，並以蘇打水補滿杯子。將格蘭利威 14 年裝進針筒，和乾燥蘋果片一起放上去即完成。喝的時候將針筒裡的格蘭利威 14 年擠出，讓威士忌漂浮在表層。

家常 MEMO
這是 BAR 新宿 Whisky Salon 的老闆靜谷和典設計的原創雞尾酒。當年格蘭利威蒸餾廠率先承認英國修訂的酒稅法，成為政府公認的第一號酒廠，不過創辦人也因此頻頻遭到昔日一起製造私酒的同伴威脅。他為了自保，會隨身攜帶兩把手槍，這就是這杯酒名稱的由來。同時使用兩種格蘭利威，象徵了創辦人身上的兩把槍。

兩種格蘭利威，雙槍出擊

美酢之池

`普通` `有點甜` `不限`

〔材料〕
琴酒（建議使用靜秘之池琴酒）40ml ／
美酢（紅石榴口味）15ml ／
芬味樹接骨木花通寧水 UP ／
食用花／馬黛茶吸管（或一般吸管）

將琴酒、紅石榴美酢、接骨木花通寧水加入玻璃杯，輕輕攪拌。放入裝飾用的食用花和馬黛茶吸管（或一般吸管）即完成。

家常 MEMO
這杯也是靜谷先生的原創雞尾酒。概念是「願你由內而外美麗動人」，並於日本首屆靜秘之池琴酒（Silent Pool Gin）雞尾酒比賽「#3ItemChallenge」中獲獎。這杯酒最大限度展現出靜秘之池的高雅花香魅力，而且任何人都能輕易調製，可謂「簡單而優美 -Simple Beauty-」的一杯雞尾酒。

從體內開始變美！

219

結語

感謝您讀到最後。看完書後，您是否產生了想要調酒的衝動？

本書介紹了 300 杯雞尾酒的酒譜，也附上調酒技法示範影片的 QR Code（P32-33），任何人都能依樣畫葫蘆開始製作雞尾酒。

本書的目的，不只是幫助讀者輕鬆享受居家調酒的樂趣，也希望鼓勵大家實際走進酒吧，享受在店裡喝雞尾酒的感覺。比較自己和專業調酒師調出來的差異，也是一種樂趣。

以琴蕾這杯搖盪法雞尾酒為例（P135），搖盪技術的好壞對於這杯酒的味道影響相當明顯，因此各位自己在家調製時可能會覺得不怎麼好喝，但如果到知名酒吧嘗一嘗專業調酒師製作的琴蕾，一定會很驚訝味道竟然差這麼多。我也希望讀者可以詢問專業調酒師調製雞尾酒時注重的地方，回家後自行改編，讓自己的技術不斷進步。

我在書中也分享了自己一路走來的經歷。酒吧不僅豐富了我的人生，更拯救了我的人生。因此，我總是期許自己能向酒吧業報恩。希望這本書能激發讀者對雞尾酒的興趣，如果能讓人產生好想喝喝看某杯雞尾酒、好想去酒吧體驗看看的心情，我也會十分

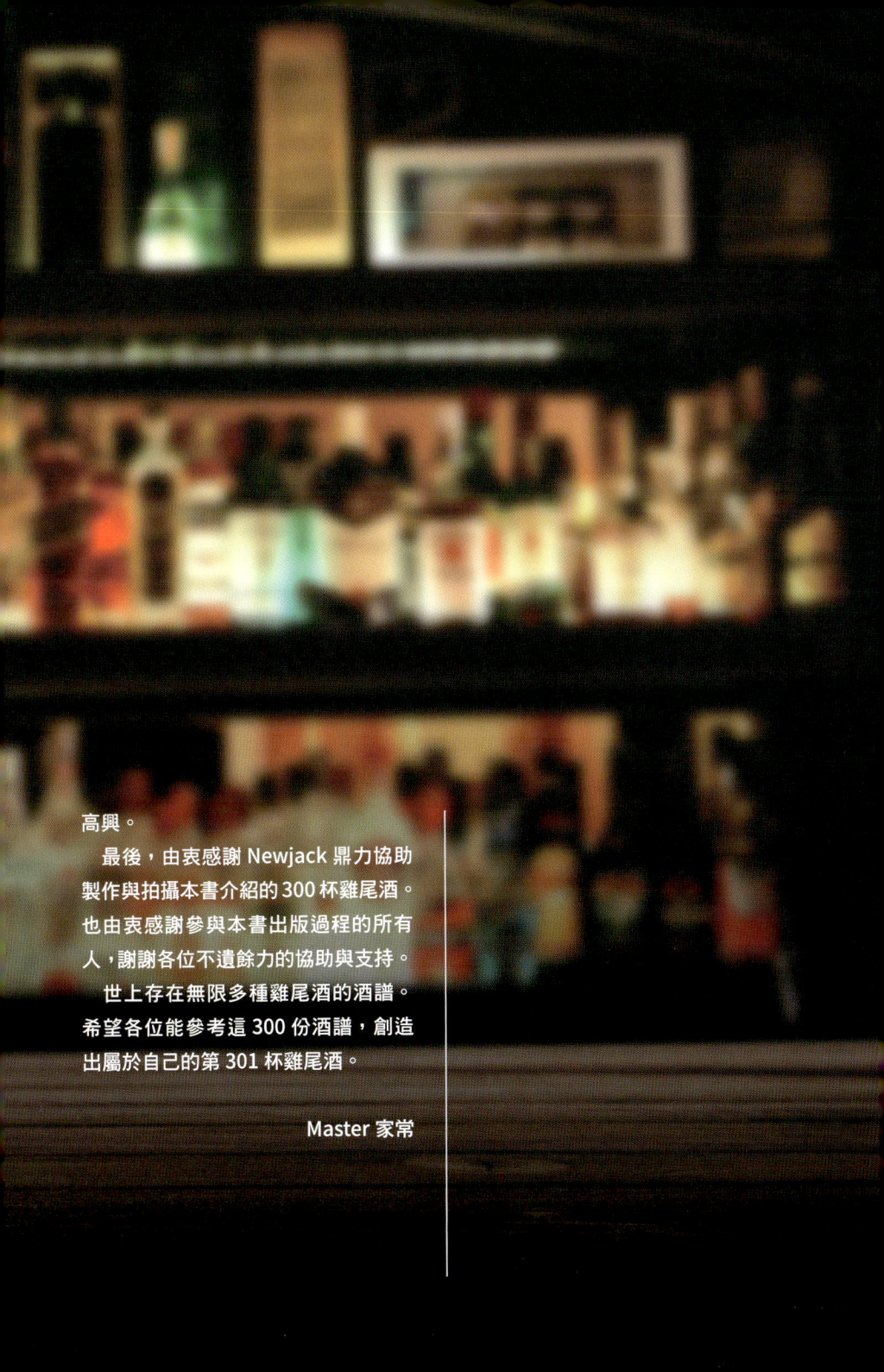

高興。
　　最後，由衷感謝 Newjack 鼎力協助製作與拍攝本書介紹的 300 杯雞尾酒。也由衷感謝參與本書出版過程的所有人，謝謝各位不遺餘力的協助與支持。
　　世上存在無限多種雞尾酒的酒譜。希望各位能參考這 300 份酒譜，創造出屬於自己的第 301 杯雞尾酒。

Master 家常

作者
Master 家常

作者的酒吧
「Cocktail Bar ANCHOR」
【地址】愛媛県今治市
　　　　恵美須町 1-1-17
【網站】https://anchor-b.com
【公休日】週日、國定假日
【營業時間】
週一～週六　18:00～01:00

〈特別感謝〉
Dining & Flair Bar Newjack

【住所】神奈川県横浜市神奈川区鶴屋町 2-19 山本ビル 4F
【HP】https://new-jack.jp
【定休日】毎月第一個星期日
【営業時間】週一〜週日　18:00 〜 25:00

TITLE

神之雞尾酒 300

STAFF

出版	瑞昇文化事業股份有限公司
作者	Master家常
譯者	沈俊傑
創辦人/董事長	駱東墻
CEO/行銷	陳冠偉
總編輯	郭湘齡
文字主編	張聿雯
美術主編	朱哲宏
校對編輯	于忠勤
國際版權	駱念德　張聿雯
排版	曾兆珩
製版	明宏彩色照相製版股份有限公司
印刷	龍岡數位文化股份有限公司
法律顧問	立勤國際法律事務所　黃沛聲律師
戶名	瑞昇文化事業股份有限公司
劃撥帳號	19598343
地址	新北市中和區景平路464巷2弄1-4號
電話	(02)2945-3191
傳真	(02)2945-3190
網址	www.rising-books.com.tw
Mail	deepblue@rising-books.com.tw
初版日期	2025年6月
定價	NT$480／HK$150

國家圖書館出版品預行編目資料

神之雞尾酒300/Master家常作；沈俊傑譯.
-- 初版. -- 新北市：瑞昇文化事業股份有限公司, 2025.06
224面；14.8X 21公分
ISBN 978-986-401-827-7(平裝)

1.CST: 調酒

427.43　　　　　　　　　　114005688

ORIGINAL JAPANESE EDITION STAFF

編集	佐久間一彦（有限会社ライトハウス）
カバーデザイン	安賀裕子
デザイン	井上菜奈美（有限会社ライトハウス）
撮影	篠塚ようこ、大野洋介
イラスト	タナカケンイチロウ
校閲	鷗来堂
カクテルキャッチコピー	針谷顯太郎

國內著作權保障，請勿翻印／如有破損或裝訂錯誤請寄回更換

KAMI COCKTAIL 300
KIHON HOSOKU TO OGON RECIPE DE「TEKITO BUNRYO」DEMO ONIUMA!
©Masterietune 2023
First published in Japan in 2023 by KADOKAWA CORPORATION, Tokyo. Complex Chinese translation rights arranged with KADOKAWA CORPORATION, Tokyo through Japan UNI Agency, Inc., Tokyo.